我最喜爱的第一本百科全书

植物奥秘
一点通

周　周◎编著

北京联合出版公司
Beijing United Publishing Co.,Ltd.

图书在版编目（CIP）数据

植物奥秘一点通 ／ 周周编著．— 北京 ：北京联合
出版公司，2014.8（2022.1重印）
（我最喜爱的第一本百科全书）
ISBN 978-7-5502-3450-5

Ⅰ．①植… Ⅱ．①周… Ⅲ．①植物－少儿读物 Ⅳ．
①Q94-49

中国版本图书馆CIP数据核字（2014）第189977号

植物奥秘一点通

编　　著：周　　周
选题策划：大地书苑
责任编辑：徐　秀　琴
封面设计：尚世视觉

北京联合出版公司出版
（北京市西城区德外大街83号楼9层　　100088）
北京一鑫印务有限责任公司印刷　新华书店经销
字数233千字　710毫米×1000毫米　1/16　14印张
2019 年 4 月第 1 版　2022年1月第 3 次印刷
ISBN 978-7-5502-3450-5
定价：59.80 元

序言

给小朋友的话

　　小朋友，你每天背着沉甸甸的书包，做着数不清的作业，是不是有时候会觉得辛苦、疲惫呢？可能有时候你也会这样想：如果获得知识也能像玩耍那样快乐该有多好啊！

　　本套丛书正是为你所设计的。从一个个简单、有趣的故事中，从一幅幅漂亮、好玩的插图上，使你在学习时能拥有一个轻松、舒适的氛围，并从书中探知你从前所不知道的世界，获得更多有用的知识。

序言

给家长的话

　　您的孩子现在正处于少年儿童时期，他们天真活泼、富于幻想，有很强的好奇心和求知欲，对身边的新鲜事物总是想要探究一下，"为什么"也就成了他们挂在嘴边的言语之一。这个时候，我们家长千万不能不理睬、不回应他们的好奇心，也不要随便找一本《百科全书》就扔给他们。作为孩子的启蒙教育者，我们更应该精心挑选一些适合他们这个年龄段阅读的生动有趣的知识性图书，并且要积极地引导他们在阅读过程中多加思考。这样不仅能够使他们真正获得丰富有用的知识，而且还能够培养他们主动思考的好习惯，从而开阔孩子的视野，并有益于他们未来的人生道路。

　　如今这个时代，人们极力呼吁素质教育和能力教育。从孩子的成长过程来看，能力最初来源于知识的不断积累和对思维方式的创新与开发。从无数的例子中可以发现，孩子最初并不常对某些事情发表看法，最主要的原因是他们对这些事情一无所知。然而，一旦他们非常了解一件事情，即使是最内向的孩子，也会想要将自己获得的知识告诉别人，此时如果得到鼓励，他将会更加积极地探究、思考更多的事情。长此以往，孩子的头脑中关于思考、创新的部分将得到很大的锻炼和提高，最终一定有利于他们未来的人生道路。

　　为此，我们特意编写了这套蕴含着丰富知识的系列丛书，在兼具科学性和趣味性的同时，结合当今时代的特征和少年儿童的特点，将最新的科学、人文知识介绍给广大的小读者们。这不仅可以帮助他们认识世界、了解世界，而且也是对课本内容的补充和深化，有助于提高孩子们的综合素质和个人能力。

目录

1 离开植物人还能生存吗？

　　植物对于人类是不可或缺的，离开了植物，人类也就无法生存下去了。植物既是地理环境的产物，又是地理环境的创造者。当今地球大气的成分，就是植物生命活动参与的结果。植物在地球上随处可见，它们利用自己的叶子进行光合作用，为我们人类提供每天呼吸所必需的氧气。地球上的氧气约占大气的21%，如果没有补充，这些氧气只能够使用50年左右。正因为有植物的存在，地球上的氧气和二氧化碳的含量才大致保持稳定，人类才得以生存。所以说，植物是氧气的"制造者"，又是二氧化碳的"消

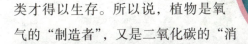

植物奥秘一点通

费者"。

　　不仅如此，人类的衣、食、住、行样样都离不开植物，不管是粮食、蔬菜、水果，还是衣服、书本、门窗，甚至房屋、药物都是由植物直接或间接提供的。另外，像煤、石油等燃料，也是几百万年以前植物遗体的分解物。

利用植物能源取代化学能源有什么好处？

　　利用植物能源来取代化学能源，可以在保护环境的同时，增加绿化面积，这样将会使已遭受破坏的生态环境得到恢复，土地沙漠化得以控制，干旱面积逐渐减少。

小资料

考考你

　　1. 地球上的氧气约占大气的（　　）。

　　A 19%　B 21%　C 20%

　　2. 植物是氧气的"制造者"，又是（　　）的"消费者"。

　　A 氮气　B 二氧化硫　C 二氧化碳

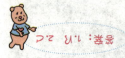

答案：1.B 2.C

2 植物生长的五种必需品是什么?

植物生长所必需的五大要素是阳光、温度、水分、空气和养料。

阳光是植物生长的第一要素,有了阳光,植物才能进行光合作用。温度对植物生长发育有着很大作用,植

物在不同的生长阶段,都需要不同的温度。水分是植物重要的构成部分。空气中的氧、氮、二氧化碳对植物生长的影响极大。植物需要的养料有

003

植物奥秘一点通

很多，碳、氢、氧、氮、磷、钾、钙、硫、镁、铁等十多种元素都是植物生长的必需品。

虽然每一种植物都离不开这五大必需品，但它们的需求量因植物的不同而不同。以养料中的氮肥为例，大多数植物的成长都离不开氮肥，比如玉米，如果氮肥量达不到要求，就会影响玉米的发育。而豆类植物则不同，豆类植物的根上长有密密麻麻的"小瘤子"，它们是寄居在大豆根上的根瘤菌，根瘤菌会把氮肥送给大豆，所以豆类植物不需要施氮肥。

根瘤菌是什么东西？

根瘤菌是一种细菌，它能在根瘤中形成类菌体。根瘤菌能侵入豆科植物特别是大豆的根，形成根瘤，并具有固氮能力。植物供给根瘤菌矿质养料和能源，而根瘤菌通过固定大气中的游离氮，为豆类生长提供营养物质。

1. 植物生长的五大要素其中有（ ）。
A 土壤 B 阳光 C 石木
2. 豆类植物的生长不需要施（ ）。
A 钾肥 B 磷肥 C 氮肥

答案：1.B 2.C

3　植物会改变性别吗？

　　有些植物是雌雄异株的，它们无法改变性别，但有些雌雄同株的植物却可以改变性别，菠菜就是其中的一种。在高温的影响下，雌株菠菜会变成雄株菠菜。更让人惊奇的是，番木瓜受了外伤也会改变性别。而且有的植物如果刚开的花或结的果子被人摘了，它也会生气地变性。这是为什么呢？

　　原来，植物体内和人一样含有激素，正常情况下，激素可以稳定植物的性别。但如果环境发生变化，出现干旱、日照变化、植物受到损伤等情况，激素的分泌就会紊乱，这样就直接导致了植物的性别

发生变化。

科学家经过长期观察发现，植物变性有一定的规律：在温度、水分等诸多环境状况比较优越的情况下，植物会出现雌性化现象；在环境变得比较恶劣时，植物就会出现雄性化现象。

激素是什么？

激素是生物体内分泌出来的物质。它可以直接进入血液从而分布到全身，对身体各部分的代谢、生长发育和繁殖等起重要的调节作用。比如，男孩子变声，长出胡须，女孩乳房发育等，这都是激素的功劳。

小资料

考考你

1. 有些（　　）的植物可以改变性别。

A 会变色　B 雌雄异株　C 雌雄同株

2. 植物的体内含有（　　），所以环境发生变化时，植物会变性。

A 激素　B 糖分　C 水分

答案：1. B 2. A

006

4 人能不能跟植物谈话？

20世纪70年代，一位澳大利亚科学家在研究植物的抗旱能力时，不经意间发现，遭受严重干旱的植物会发出"咔嗒、咔嗒"的声音，这件事在科学界产生了极大的轰动。

后来，来自加拿大和美国的两位科学家做了一个试验。他们在玉米的茎部安装了窃听装置，并与电子计算机连在一起。实验发现，当植物不能从土壤中得到所需要的水分时，它便从茎部的组织中汲水，同时产出一种超声波噪声，恰似"呼救"声。

发现了植物的种种语言之后，人就可以与植物进行谈话了。

植物奥秘一点通

前些年，前苏联摩尔维达维亚科学院为了让人类能同植物对话，制成了一台信息测量综合装置。通过这台仪器的同步翻译，当时在场的生物学家、植物病理学家、细胞学家、遗传学家、生物物理学家、气象学家、化学家、物理学家和软件学家，都与植物进行了对话。看来，人们与植物谈话已不是天方夜谭了。

什么是超声波？

　　超声波是超过人能听到的最高频率（20000 赫）的声波。这种声波做近似直线传播，它的穿透力很强，医生可以用超声波来进行医疗诊断。另外，动物界的蝙蝠也通过发出超声波来飞行。

　　1.20 世纪 70 年代，（　　）的科学家发现干旱的植物会发出声音。

　　A 澳大利亚　B 加拿大　C 新加坡

　　2.人类与植物谈话（　　）实现。

　　A 可以　B 不可能　C 绝对不能

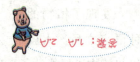

答案：1.A　2.A

5　种子煮熟后为什么不会发芽？

　　把花生的红外衣剥开，就会看到在种子内有着一棵小小的植株——胚，它由子叶、胚芽和胚根组成。把它种到土里，种子萌芽之后，胚根便往下生长从而成为花生的根，向上生长的胚芽从土里钻出后生成两片小绿叶。

　　种子在遇到充足的水分、适宜的温度和足够的空气时，会先吸收水分，使种皮变软，让整个种子膨胀。然后再将储藏的养分，经过酵素的作用，供给胚吸收。最后，胚根和胚芽穿破种皮，种子就发芽了。但煮熟以后的种子

009

植物奥秘一点通

不会发芽，这是怎么回事呢？

　　因为种子要发芽，必须让胚进行呼吸活动。如果种子煮熟了，负责吸收水分和养分的胚就会死掉，种子里的养料也会被破坏，也就失去了生命力。所以，煮熟后的种子不会发芽。

种子的寿命有多长？

　　除少数种子的寿命很短外，一般种子寿命都在10年以上。其中有60多种植物种子寿命高达100年，而最长寿的20多种植物种子，寿命极限竟可逾500年之久，还有一种莲籽，它的寿命可长达千年以上！

小资料

考考你

　　1. 种子的胚由（　　）、胚芽和胚根组成。

　　A 子叶　B 茎

　　2. 种子煮熟了以后，负责吸收养分的（　　）就会死掉，种子就不能发芽了。

　　A 胚芽　B 胚　C 子叶

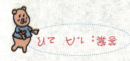
答案：1.A 2.B

6 植物的根会自己寻找食物吗?

植物的根千姿百态，可以简单地分为直根、须根和贮藏根三种。植物的根有两种作用：一是固定植株，二是吸收水分和溶解于水中的养料。为了生存，植物的根会向有营养的地方生长。有人做过这样的实验：在冻胶的中央放进一块肥料，周围种上几粒发芽的种子。三四天后，所有的

根都会伸向中央的肥料，并把肥料围绕起来。这个实验说明植物的根会自己寻找营养。

大多数植物的根都会伸向有"食物"的地方。其中，极少数植物的根在找不到食物

植物奥秘一点通

的情况下，能进化成会"走路"的植物。南美洲的炎热沙漠中有一种仙人掌，当它在原生地找不到水时，它的根就会收缩到地面，在风的吹拂下寻找有水分的土壤，一旦找到适宜的环境，它就会在那里生根发芽。还有一种苏醒树的生存方式也是如此。

扎根最深和最浅的植物是什么？

俗话说"树有多高，根有多深"。漂浮在水面的浮萍，它的根不到 1 厘米；在南非有一种无花果树，估计它的根深入地下有 120 米，要是挂在空中，有 40 层楼那么高！估计这是世界上根长得最深的植物了。

1. 植物的根可以（　　）植株。
A 破坏　B 固定　C 吸收
2. 植物的根会伸向（　　）的地方。
A 有营养　B 酸性土　C 碱性土

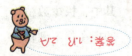
答案：1.B　2.A

7 为什么说植物的根像"嘴"？

根是某些植物在长期适应陆上生活的过程中成长起来的一种向下生长的器官。它具有吸收、输送、贮藏、固着的功能，少数植物的根也有繁殖的作用。植物的根有两大类，一类有一根特别粗大的主根，而另一类的根长短粗细都差不多，就像一根根胡须，叫做须根。

绝大多数我们见到的植物，都是生长在土壤中的，这是因为土壤中含有植物生长所必需的水分和养分。人是用嘴来喝水的，而植物是用根来"喝水"的，所以说，植物的根很像人的嘴巴。

植物将粗粗细细、大大小小的根，伸

013

植物奥秘一点通

进泥土中，将水分和矿物质吸收进来，然后通过导管输送到全身各个部位。

有一些植物生长在比较干旱的地方，因为在地下很深处才有水，它们的根就长得特别长，能伸到很深的土层去"喝水"。

世界上所有的植物都有根吗？

世界上的 50 万种植物中，只有 20 多万种高等植物才具有真正的根，其余近 30 万种低等植物都没有根。它们还没有进化到具有根这个器官的水平，有些低等植物有根的外形，但不具有根的构造，充其量只能称为假根。

考考你

1. 植物的（　　）比较像人的嘴。

A 叶子　　B 根　　C 茎

2. 植物的根长短粗细都差不多，就像一根根胡须，就叫（　　）。

A 侧根　　B 主根　　C 须根

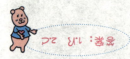
答案：1.B　2.C

8　植物之间也有相生相克吗?

　　和动物之间一样,植物之间既有"相生"的朋友,又有"相克"的敌人。

　　玉米和大豆就是一对好朋友,大豆的根瘤菌相当于一个氮肥厂,可以把空气中的氮固定在土壤中,随时给玉米提供氮肥,使它苗壮成长。杨树是苹果树和梨树的好朋友,杨树不但可以促进果树的生长,还能增强果树的耐寒能力。除此之外,百合花和玫瑰、紫罗兰和葡萄也是好朋友。

　　但是,植物之间也有不能和平相处的。如果把玫瑰花和木犀草插在一个花瓶里,木犀草很快就会枯死,而枯死后的木犀草枝叶还会在水中分泌毒液,把玫瑰花置于死地。在蓖麻丛中种上小小的芥菜,就会使蓖

015

植物奥秘一点通

麻下面的叶子枯死。西红柿和黄瓜都是夏天常见的蔬菜，但如果把它们种在一起，两种都会减产。此外，小麦会抑制大麻、芝麻和荠菜的生长。

植物为什么会相生相克？

植物之间的相生相克，是因为植物体内会分泌一种像挥发油、有机酸之类的气体或者汁水。不同的植物挥发出来的物质不同，两种物质之间会发生反应，这样就影响了植物的生长。

小资料

考考你

1. 玉米和（　　）是好朋友。

A 花生　B 果树　C 大豆

2. 把西红柿和黄瓜种植在一起会相互（　　）生长。

A 促进　B 抑制

答案：1.C 2.B

9 哪两种动植物合作得最好？

植物经常会被动物侵扰，但也有不少动物可以帮助植物生长。比如说啄木鸟就是树木的医生，但动植物中配合最好的要数益蚁和蚁栖树。

蚁栖树生长在巴西的森林里，树木高大，茎上有像竹子一样的节，叶子像手掌。它的树干中空，外面有许多小孔，益蚁就生长在里面，并在这里生儿育女，这也是此树得名的原因。

在这个森林里还有一种啮叶蚁，专吃树叶，奇怪的是，它们从不找蚁栖树叶的麻烦。原来，它们害怕益蚁。平时，益蚁就在树里生活，当遇到啮叶蚁来吃树叶，益蚁就会群起

而攻之。蚁栖树有了益蚁当警卫，就可以安心地成长了。

蚁栖树不但给益蚁提供住宿，还提供了有营养的食物。在蚁栖

树柄的基部有一丛毛，里面会不断生出许多富含蛋白质和脂肪的小卵，为益蚁提供了充足的食物。

就这样，蚁栖树为益蚁提供食宿，益蚁保护蚁栖树，双方组成了密不可分的"蚁树联盟"。这种现象在生物学上叫做"共生"。

什么是共生？

两种不同的生物生活在一起，相依生存，对彼此都有利，如果分离，二者都不能很好地生存，这种生活方式叫做共生。世界上 80% 的动物是共生的，如犀牛和犀牛鸟之间就是一种典型的共生现象。

小资料

考考你

1. 蚁栖树和（　　）合作最好。

A 益蚁　B 啮叶蚁　C 黄蚁

2. 两种不同的生物组成密不可分的一组，在生物学上叫（　　）。

A 共生　B 共存　C 共组

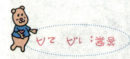

答案：1. A　2. A

10 长得最快的植物是什么？

从横向生长来看，生长速度最快的是泡桐，生长7年的泡桐，树干胸径可达50厘米。从纵向生长看，要数新几内亚桉树生长速度最

快，它每年能长高8米。但日平均增长高度最快的，就要数毛竹了，毛竹的竹笋经40～50天就能长成，高度达12米，但是毛竹一旦长成，就不再长高了。

就竹笋的成长时间来说，雨后的竹笋长得特别快，因为它的茎和别的植物不一样。一般的植物只有茎的顶端能生长，而竹笋分成很多节，在同一时间里每节

植物奥秘一点通

都能生长。如果一根竹笋有 50 个节的话，它的生长速度就是其他植物的 50 倍。

竹子在高度上增长很快，但不能长粗。因为树木的茎里面有一层叫形成层的细胞，这些细胞不停地向四周分裂出新的细胞，使树木变粗。竹子里没有这层形成层，所以只能长高，无法长粗。

为什么树会长粗？

这是形成层的作用，形成层是植物体中的一种组织，其细胞排列紧密，有不断分裂增殖的能力。形成层的细胞不断生长，形成了树木的韧皮部和木质部，这样经过日积月累，从而使茎或根不断变粗。

小资料

考考你

1. 横向生长最快的植物是（　　）。
A 梧桐　B 泡桐　C 珙桐
2. 植物中的（　　）每天生长的高度最快，但是达到一定高度后就不长了。
A 毛竹　B 泡桐　C 新几内亚桉树

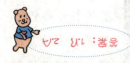

答案：1. C　2. A

11 世界上有吃人树吗？

世界上能吃动物的树有五百多种，它们大多只吃小昆虫，不能吃人。但在印度尼西亚爪哇岛上的一片原始森林里，却生长着一种吃人树——奠柏树。

这种树有许多柔韧的枝条，长长地拖在地上，如果人不小心触动一根枝条，千百条枝条就会同时席卷过来，把人紧紧缠住，越挣扎树枝缠得越紧，直到人窒息而死。同时，奠柏树还会从树枝里分泌出一种很黏的胶汁，慢慢地把人消化掉。然后枝条停止分泌，重新舒展开来，等待下一个猎物到来。

奠柏树分泌出来的胶汁在充当"消化剂"的同时，对

021

植物奥秘一点通

人类来说也是非常名贵的药材，所以当地人会想尽办法从树上采集树胶。为了防止奠柏树下毒手，人们在采集胶汁之前，会先拿鱼或其他荤腥食物将其喂饱。奠柏树吃饱以后就像懒汉一样，即使有人再去碰它的枝条，它也不会动弹了。这时，人们就可以抓紧时间采集它的胶汁了。

能吃动物的植物有哪些？

　　除了奠柏树能吃人之外，自然界还有其他一些植物可以吃动物。比如，猪笼草依靠捕虫瓶来捕捉小昆虫；捕蝇草依靠自身分泌的黏液及草叶上具有剧毒的汁水来捕食动物；此外，还有狸藻和食蚊蘑菇等都可以捕食动物为食。

小资料

考考你

　　1. 世界上吃动物的树大概有五百多种，它们大多吃（　　）。

　　A 人　B 昆虫　C 爬行动物

　　2.（　　）的爪哇岛上有一片原始森林，里面生长着吃人的奠柏树。

　　A 印度尼西亚　B 菲律宾　C 加利弗尼亚

答案：1.B　2.A

12　植物也有"喜怒哀乐"吗?

　　印度植物学家鲍斯,曾做过这样的实验:他拿着一把耙子在一棵植物前晃动,结果,植物的触须也会跟着摆动,似乎想用触须阻止耙子伤害它。通过实验,鲍斯作出了设想,认为植物也有心脏。鲍斯制造了一种心动曲线仪,结果发现,树木类植物不但有心脏,而且还有脉搏,心脏的活动周期约为1分钟。

　　既然植物有心脏,那么就一定会有感情。1966年,美国一位叫巴克斯特的科学家,把测谎器的电极接在龙血树的一片叶子上,先给龙血树浇了一些水,这时仪器上出现了平稳的锯齿样曲线,好像心情很舒坦。接着,他将龙血树的一

植物奥秘一点通

片叶子浸入一杯热咖啡里，仪器马上出现了轻度的害怕反应，但害怕得不那么厉害。最后，他决定用火烧这片叶子。当他拿着火柴靠近龙血树时，仪器的指针产生了强烈的摆动，显然这是一种恐惧的表现。当巴克斯特收回火柴，龙血树又恢复到正常状况。现在你明白了吧，树和人类一样，同样是有感情的，我们一定要爱护它们哟！

龙血树会流血吗?

　　只要用刀在龙血树树干上面一划，便会流出像鲜血一样的树汁，因此，人们称这种流血树为"龙血树"。这种树流出的汁液可治风湿麻木、妇科杂症等病。据专家研究，龙血树树龄可达八千多年，是世界上最长寿的植物。

小资料

考考你

　　1.（　　）的植物学家鲍斯通过实验发现植物有心脏。

　　A 印度　B 美国　C 前苏联

　　2.当你拿着火把靠近一棵小树苗时，它（　　）感到恐惧。

　　A 不可能　B 不会　C 会

答案：1.A 2.C

13 感觉最灵敏的植物是什么？

感觉最灵敏的植物要数含羞草。

含羞草别称"知羞草""怕痒花""惧内草"，喜欢生长在阳光充足的草地上。它是一种豆科植物，叶互生，具二回羽状复叶。在含羞草的小羽片、羽轴和叶柄的基部，都有一个肥大部分，叫叶枕。含羞草的叶子具有相当长的叶柄，柄的前端分出四根羽轴，每一根羽轴上生有两排长椭圆形的小羽片。它大约在盛夏以后开粉红色的花。如果轻轻碰一下含羞草，它的叶子会很快闭合。如果触动它的力量大一些，它会连枝带叶都下垂。经过研究表明，含羞草在受到

植物奥秘一点通

刺激后 0.08 秒钟内，叶子就会合拢，而且受到的刺激还能传导到别处，传导的速度最快每秒达 10 厘米。

含羞草内含羞草碱，接触过多会引起眉毛稀疏、毛发变黄，严重者还会引起毛发脱落。但它的药用价值也很高，有安神镇静、止血收敛和散瘀止痛之功效。

为什么含羞草受到刺激后叶子很快就会闭合？

含羞草里有一种运动细胞，一受到刺激就会把细胞里的水挤出去，使小叶片因为失去水的压力而合拢。叶子合拢后，需要几个小时才能恢复原样，这是含羞草保护自己的一种方法。

026

考考你

1. 感觉最灵敏的植物是（　）。
A 竹子　B 蒲公英　C 含羞草
2. 只要用手轻轻地碰一下含羞草，它的（　）就会很快闭合。
A 茎　B 叶　C 花

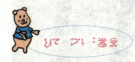
答案：1.C 2.B

14 植物怎么会知道春天来了？

每年春暖时，植物总会充当春的使者，向人们预示春的来临。那么，植物是如何知道春天来临的呢？

原来，植物可以感觉到气温的变化。植物的种子里都有胚芽，许多植物的胚芽经过一定时期的冷藏储存能量后，便能对气温升高或日照变长等作出反应。有人通过实验发现，苹果种子里的胚芽需要在接近0℃的

环境里，持续 1400 小时后才能开始生长。也就是说，只有经过冬天的寒冷，植物才能停止休眠，开始生长。

而那些已经长出了叶子的植物，则是根据昼夜的变化来判断时令的。当它们感到适宜的昼夜周期后，就会分泌出一种能促使花芽形成的物质，这种物质随着光合作用所产生的营养，一起供给花，让花快速生长。这样，春天来了，美丽的花儿就开始尽情地欢唱了。

为什么秋天树叶会变成黄色？

树叶里含有多种色素，包括绿色的叶绿素、黄色的叶黄素和红色的花青素。春天和夏天时，树叶里的叶绿素最多，所以树叶是绿色的。天气转冷时，叶绿素被破坏了，叶黄素和花青素便会显现出来，树叶就会变成黄色或红色了。

1. 苹果种子在 0℃ 环境下持续（　　）小时才能发芽。

A 1　B 100　C 1400

2. 有叶子的植物是通过（　　）变化来判断时令的。

A 昼夜　B 温度　C 空气湿度

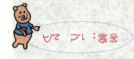

答案：1.C　2.A

15 为什么世界上每个月都有植树节？

植物的作用是巨大的，可以说植物是人类生存在地球上的决定性因素，所以植树造林也是人类造福自己的一件大事。世界上基本每个月都有植树节，让我们一起来看看吧！

1 月：约旦、马拉雅；

2 月：西班牙；

3 月：中国、法国、瑞典；

4 月：美国、日本、德国、朝鲜；

5 月：加拿大、澳大利亚；

6 月：缅甸；

7月：印度、尼泊尔；

8月：新西兰、巴基斯坦；

9月：泰国、菲律宾；

10月：哥伦比亚、古巴；

11月：英国、新加坡、意大利；

12月：印尼、黎巴嫩。

我国的植树节定在3月12日，是因为在惊蛰之后，树木极易成活，而这一天也是孙中山先生逝世的日子。

惊蛰是什么意思？

惊蛰是二十四节气之一，"立春"以后天气转暖，春雷开始震响，蛰伏在泥土中的冬眠动物将苏醒过来开始活动，所以叫惊蛰。在这个时期过冬的虫卵开始孵化，中国部分地区进入了春耕季节。

小资料

考考你

1. 英国的植树节是在（　　）。

A 1月　B 5月　C 11月

2. 我国的植树节定在3月12日，也是为了纪念（　　）先生。

A 毛泽东　B 邓小平　C 孙中山

答案：1. C　2. C

16 植物是怎么预测地震的?

发生地震前许多动物都会出现异常的反应,那么植物是怎么预测地震的呢?

我国地震学家通过长期的调查发现,在地震来临之前,许多植物也会有异常现象。比如蒲公英在初冬季节提前开花,竹子会突然开花和大面积死亡,山芋藤也会突然开花等,都预示着地震即将来临。

那么,植物是怎么感应到地震的呢?科学家发现,生物体的细胞就像电池,当接触生物体非对称的两个电极时,两电极之间会产生电位差,形成电流。正是由于地震前电流的变化刺激了植物的根系,从而促使植物表现反常。

科学家曾对合欢树

031

进行生物电测量，并认真分析记录了电位的变化。结果发现，合欢树能感觉到地震的发生，并在两天前作出反应，出现很大的电流；余震期间，电流的活动还会相应地减少。

为什么会发生地震？

　　地震是指地壳的震动，通常由地球内部的能量变动而引起。比如火山喷发、地壳某个地方发生了塌陷，或者处在两个板块的构造带上等，这些情况下，都会发生地震。地震是地壳能量一种强烈的释放形式，破坏性很大。

小 资 料

考 考 你

　　1. 如果竹子突然开花和大面积死亡，就可能会发生（　　）。

　　A 水灾　B 火灾　C 地震

　　2. 生物体的细胞就像（　　），会产生电流。

　　A 电极　B 电池　C 电棒

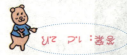

答案：1.C 2.B

17　树为什么是圆柱形的？

　　不管在高山上还是公园里，凡是你见到过的树都应该是圆柱形的吧？为什么没有方形的树呢？

　　树长成圆柱形是千万年适应自然环境的结果，树长成圆柱形有很多好处。第一，相同周长的图形里，圆的面积最大，圆柱形的树干中导管和筛管的分布广，这样就可以给树木输送更多的营养和水分。第二，可以保护自己免受伤害。如果树上有棱有角，动物就能很方便地啃光树皮。第三，圆柱形的支撑力比方形的支撑力大，可以支撑起高大而沉重的树冠；

第四，圆柱形树干能够更好地抗击狂风。当狂风吹过树干时，风会沿着树干的圆弧形表面滑过，而不会伤及树木本身。

　　有些几十层的摩天高楼盖成圆柱形的，就是从树干中得

植物奥秘一点通

到的启示。

　　但也有例外，在中美洲巴拿马运河以北几公里的地方，生长着一种树干呈方形的树，不但树干是方形的，它的年轮也呈方形。

为什么被动物啃光树皮的树很快就会死亡？

　　树皮除了能防寒、防暑、防止病虫害之外，主要是为了运送养料。在植物的皮里有一层叫做韧皮部的组织，韧皮部里排列着很多条管道，叶子通过光合作用制造的养料，就是通过它运送到根部和其他器官中去的。如果动物啃光了树皮，养料无法运输，当然只有死路一条了。

1. 相同周长的图形里，（　　）的面积最大。
A 正方形　B 长方形　C 圆形
2. 摩天高楼为了（　　）要建成圆形。
A 好看　B 节省材料　C 能更好地对抗狂风

答案：1.C　2.C

18 树会"发烧"吗？

树在缺水时就会生病，它的体温也会因缺水而升高。

如果采用精密的仪器对树的体温进行测量，就会发现它是变化不定的，而且不同部位的体温也不相同。

树叶子的温度变化是最明显的。白天，叶子的温度主要靠蒸腾作用来调节。当土壤里的水分充足时，蒸腾作用较明显，叶温会降低；当土壤里的水分不足时，叶子由于缺水，在阳光下不得不把气孔闭合，这样蒸腾作用就会减弱，叶温就会升高。

生病的树木和人一样会升高体温，但人生病时一般是晚间发烧严重，早晨退烧；树木刚好相反，是早晨烧发得最厉害。

根据树木会发烧的现象，护林人可根据树木的温度来判断哪片森林有病，从而及时采取有效的治疗措施。

植物奥秘一点通

什么是蒸腾作用？

　　蒸腾作用是植物体内的水分变成气态后，通过叶子等器官，散布到空气中去的过程。它是植物吸收和运输水分的主要动力，可加速养料在植物体的运输；同时还降低了叶子表面的温度。植物蒸腾丢失的水量是很大的，一株玉米从出苗到收获需消耗二三百千克的水呢！

小资料

考考你

　　1. 树在（　）的时候体温升高。
　　A 水分足　　B 缺氧　　C 缺水
　　2. 一般情况下，发烧的树木在（　）时烧得最严重。
　　A 早晨　　B 中午　　C 晚间

答案：1. C　2. A

19 草原上为什么没有大树?

说到草原，你的脑子里肯定会出现一幅美丽的画卷：一望无际的草原就像一片绿色的大海，白色的羊群在绿油油的草原上悠闲地吃草……可是，为什么辽阔的草原上没有大树呢?

植物的生长依靠深扎在地下的根，来吸取土壤里的水分和营养，土壤越肥沃就越适宜植物的生长。科学家经过长期的观察和研究发现，草原上的泥土层很薄，一般只有 20 厘米左右，即使是

植物奥秘一点通

在茂盛的灌木丛下，土层的厚度也只有50厘米，再往下就是坚硬的岩石层。因此，草原上只适合生长一些根系短小的草本植物和很低的灌木。

高大的树木必须把长长的根伸入到深土层吸收营养，而无法在浅土层中生长。即使有的树木在草原上长出来，但因为扎根太浅，也难免会被大风吹倒。所以，大草原上无法长出高大的树木。

中国最大的草原在哪里？

呼伦贝尔大草原位于内蒙古东北部，因境内的呼伦湖和贝尔湖而得名。它是世界上天然草原保留面积最大的地方，也是世界最著名的三大草原之一，总面积1.49亿亩。呼伦贝尔大草原是中国最大的草原，是一片令人神往的土地。

小资料

考考你

1. 草原上，土层的厚度最多有（　　）厘米。
A 20　B 50　C 70
2. 树木主要靠（　　）吸收养分。
A 树叶　B 树干　C 树根

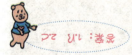

答案：1.B 2.C

20 有能生产"大米"的树吗？

在菲律宾、印度尼西亚、马来西亚和巴布亚新几内亚等国家的许多岛屿上，生长着一种西谷椰子树。这种树树干挺直，叶子很长，约有3~6米，终年常绿，树干长得很快，10年就可长到10~20米高。但是，西谷椰子树寿命很短，只有10~20年。它一生只开一次花，而且开花后不到几个月就枯死了。

当地居民把西谷椰子树称为"米树"，因为它的树干内全是淀粉。开花之前，是树干一生中淀粉贮存的最高峰。然而奇怪的是，这些几

百千克的淀粉，竟会在树木开花后很短的时间内消失，枯死后的米树只留下一株空空的树干。为了及时地收获这些丰富的淀粉，当地人不等米树开花就把它砍倒，刮取树干内的淀粉。然后把刮到的淀粉放在桶内，加水搅拌成米汤，澄清后使其干燥，然后再加工成一粒粒洁白晶莹的"大米"，这就是著名的"西谷米"。

植物中的淀粉是怎么来的？

植物中的淀粉是空气中的二氧化碳和水分，通过太阳光照射在绿色植物上，发生化学反应而形成的白色物质。但是淀粉没有固定的形状，多贮藏在植物的子粒、块根和块茎中，这样我们在食用时，就很容易吸收到食物中的淀粉了。

小资料

考考你

1. 西谷椰子树的寿命很（　　）。
　 A 长　B 短
2. 西谷椰子树中的淀粉源自它的（　　）。
　 A 树枝　B 树干　C 树根

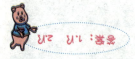
答案：1.A　2.B

21 为什么松树、柏树可以四季常青？

到了秋天，一般情况下树叶都会变黄脱落，但松树和柏树为什么却可以四季常青呢？

叶的脱落可降低水分的散失，深秋或旱季落叶，可看作是植物避免过度蒸腾的一种适应行为。而松树的叶子呈针状，也称松针，柏树的叶子呈扁平状。这些叶子的表面有一层蜡质，表皮厚，角质层发达。这些结构能减少蒸腾，适应干旱环境；并且在天冷的时候，还可以保护树叶不受寒冷的侵袭，所以终年常绿。

041

植物奥秘一点通

松树叶子的寿命通常是 4 年左右，每一年都会有一些老叶子脱落，并长出一些新的叶子。但即使是一棵停止生长的松树，它每年掉的叶子也只是它所有叶子的 1/4 而已，而且很快就会得到补充。所以松树虽然也有落叶，但看上去却是常青的。

042

为什么陵园里松柏较多？

陵园里栽较多松柏，就是利用了松柏四季常青的优点。一方面，常青树给人一种肃穆的感觉，另一方面，人们用四季常青的树，比喻永恒不朽的生命或不畏艰难、坚持到底的精神。

1. 松树的叶子很小，表面还有一层（　　），所以它不怕寒冷。

A 蜡质　B 防水蜡　C 绿色膜

2. 松树四季常青，它的叶子（　　）。

A 全部脱落　B 不会脱落　C 会部分脱落

答案：1.A 2.C

22 为什么有的树枝插到土里就能生根？

一般的花草树木只有用种子种植才能长大，但有的只要将树枝插在土里就能长成一棵树，这种繁殖方式叫营养繁殖或无性繁殖。

根据细胞全能性理论，植物体内的各种细胞，都具有再生成一个完全机体所需的全部遗传信息。无性繁殖能把母体的优良特征遗传给后代，所以它是良种繁殖的主要方法。另外，它还具有方法简便、生长快的优点。

树枝插到土里，枝条内的形成层和某

043

植物奥秘一点通

些组织有许多分裂能力很强的细胞，这些细胞在适宜的土壤条件下，可以迅速分裂、繁殖，形成不定根，并逐渐发育成长，形成新的植株。比如柳树就很容易成活，而香樟、广玉兰等植物的枝条内因为没有分裂能力强的细胞，就不能插活。

无性繁殖就是没有性别的繁殖方式吗？

无性繁殖不是没有性别的繁殖方式，而是指不需要经过任何形式的交配模式，直接由母体的一部分产生子代的繁殖方法。在林业上常用树木营养器官的一部分和花芽、花药等材料进行无性繁殖。比如，插一枝柳枝就可以长成一棵柳树。

小资料

考考你

1. 把（　）插到土里长成另一株树，在生物上叫无性繁殖。

A 树枝　B 树苗　C 树根

2.（　）的枝插到土里容易成活。

A 广玉兰　B 柳树　C 香樟

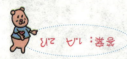

答案：1.A 2.B

23 红树为什么被誉为 "海岸卫士"？

在海边，你会看到有的树在海水里泡着，时不时就会受到潮水猛烈地冲击，但它们却长得很茂盛。红树就是其中的一种，它是名副其实的"海岸卫士"。

红树的根很奇特，支柱根、板状根、气生根纵横交错，盘根错节。这些根部分裸露在外，呼吸水面的空气；部分牢牢插入海滩的淤泥中，固定植株。由于红树林特殊的繁殖习性和强大的根系，使得茂密的红树林能

植物奥秘一点通

够在海岸上形成一座"长城"，可以抗风拒浪、固堤护岸。同时，红树林不断地把海水沉积物固定起来，加上落叶、鸟粪等物质的聚集，使之形成新的陆地。

红树林还为海边的鸟类、鱼虾提供了栖息繁殖的场所，从而成为维持海岸生态平衡的基地。所以，我们称红树林为"海岸卫士"。

红树为什么不怕含盐度很高的海水？

红树的叶子很厚实，可以反射阳光、减少蒸腾；叶的背面紧贴着短绒毛，可以阻挡海水浸入；同时，叶面上还有许多小孔，可以排出体内过多的盐分。所以，红树可以抵挡海水的浸泡和海潮的冲击。

小 资 料

考 考 你

1. 红树林被称为（　　）。
A 防风伞　B 防水卫士　C 海岸卫士
2. 红树经常被海潮冲击，还能长得非常茂盛，是因为它有强大的（　　）。
A 根　B 茎　C 树皮

答案：1.C 2.A

24 我国境内的世界 "独苗" 长在哪里？

世界上很多物种都濒临灭绝了，但是仅存活一棵的树种却不多见。在我国佛教四大圣地之一的东海普陀山上，就有世界上仅有一棵的普陀鹅耳枥树。

这棵树大约 200 岁，生长在海拔 260 米的普慧寺西侧山坡上，从外表看上去它并没有什么惊人之处。它高约 13 米，树干直径 63.7 厘米，树皮呈灰白色，树叶呈椭圆形，叶的边缘有锯齿。

1930 年 5 月，我国著名的植物分类学家钟观光教授，在普陀山上发现了这种树，当时在山上并不少见。1932 年，林学家郑万钧将此树种定名为普陀鹅耳枥树。一直到 20 世纪 50 年代时，这种树还有很多，但后来由于人工砍伐和各

植物奥秘一点通

种自然因素的影响，普陀鹅耳枥树就剩下这唯一的一棵了。

为了不让普陀鹅耳枥树绝种，杭州植物园的科研人员通过播种和无性繁殖的方法，已经培养了大量的普陀鹅耳枥树苗，这一珍贵的树种有望在将来广泛种植。

四大佛教圣地各是什么？

四大佛教圣地是指：位于山西省五台县的五台山，为文殊菩萨道场；位于四川省峨眉山市的峨嵋山，为普贤菩萨道场；普陀山位于浙江省舟山市，为观音菩萨道场；位于安徽省青阳县的九华山，为地藏菩萨道场。佛教四大名山中，五台山名气最大。

小 资 料

考 考 你

1. 在我国有世界上仅有一棵的树叫（　　）树。
A 普慧耳枥　B 普陀耳枥　C 普陀鹅耳枥
2. 这棵世间仅有一棵的珍贵树种，生长在（　　）。
A 普陀山　B 峨眉山　C 嵩山

答案：1.C 2.A

048

25 为什么说法国梧桐是"行道树之王"?

法国梧桐叶稠枝翠、婆娑多姿，是美化城市街道的首选树种。法国梧桐本身高耸挺拔，较高的可达 35 米。不过，为了道路美观，我们在街道两旁常见的梧桐大都枝干较矮，伞状的大树冠也是人工整修的结果。

梧桐又名悬铃木、筱悬木、净土树，原产于北美、欧洲东南部及亚洲西部。我国引进的主要有法国梧桐、英国梧桐和美国梧桐三种。

法国梧桐被称为"行道树之王"，它不仅可以在夏天为行人遮阳，而且还能净化空气、阻隔噪音。它的叶子厚大，背面多绒毛，树冠宽广，所以滞尘能力很强，对二氧化硫、氟化氢、氯气、

049

铅蒸气等有害气体也有较强的吸收能力。

　　另外，法国梧桐的适应能力强，耐旱耐涝，适合在各种土壤中生存，所以成为举世公认的"行道树之王"。

中国从什么时候开始栽种行道树？

　　据古书记载，中国在周朝就设立了专管驰道两旁树木的官职。春秋战国时期，不少诸侯提倡在行道两旁种树，以美化环境。秦始皇统一中国后，也曾下令在行道两旁种树。

小资料

考考你

1. "行道树之王"是（　）树。

A 法国杨柳　B 白杨　C 法国梧桐

2. 我国的法国梧桐属于（　）品种。

A 引进　B 原产　C 培育

答案：1.C 2.A

26 为什么油棕被称为 "世界油王"？

在海南岛的公路两旁会看到一排排高大的油棕树，它的叶子像椰树叶，果实由拇指大小的小果穗组成。由于它和棕树是同一类植物，而它的果实里含有丰富的油分，因此人们就叫它"油棕"，还有人叫它"油椰子"。

油棕之所以被称为世界油王，是因为它的单位面积产油量高。不仅种仁可以产油，而且果皮的含油量比种仁还要高3倍多。以每亩棕树的产油量计算，它比椰子高两倍多，比花生高8倍，比大豆高9倍，比棉籽高几十倍。

油棕产出的油用途很广。由果仁榨出的油叫棕仁油，不仅是良好的食用油，还是制造高级人造奶油、肥皂、药剂、化妆品

植物奥秘一点通

等的原料；由果实外皮榨出的油叫棕油，不仅可以作食用油脂和人造奶油，在工业上还可用作机器的润滑油、内燃机燃料等。

　　除油棕外主要的油料植物还有油菜、乌桕、芝麻、大豆、花生、油桐等。

为什么椰子树都生长在热带海滩？

　　提起椰子，很自然让人想到热带海滩。成熟的椰果落下来，容易被海流冲到各地生根，这也是为什么在热带海滩多椰子树的原因。另外，椰子树在海边生长的地势仅高于涨潮水面，这里有循环的地下水、雨量充足，能保证椰子树繁茂生长。

小资料

考考你

1.（　）被称为世界油王。
A 油棕　B 油橄榄　C 油桐
2. 油棕可以榨出棕油和（　）油。
A 棕仁　B 棕榈　C 棕果

答案：1.A　2.A

27 "鸽子树"是什么样子的?

"鸽子树"的学名是珙桐,它是我国特有的树种。珙桐是落叶乔木,很像桑叶树,它高 20 多米,每年四五月开白花,花形很像白鸽,所以有人叫它"鸽子树"。

珙桐是植物界中著名的"活化石"之一。早在 100 多万年前,世界各地就生长着这种树。到了冰川时代,地球上很多树种都灭绝了,珙桐只在我国的局部地区幸存了下来。1869 年,一位法国神父在四川省穆坪发现了珙桐,当时正值开花时节,远远望去,就像一群白鸽落在枝头,那一刻神父就被这种奇观迷住了。此后,欧洲许多植物学家为了研究此树,千里迢迢来到四川。1903 年,珙桐被首次引种到英国,后来又传至其他国家。如今,中国的"鸽子

植物奥秘一点通

054

树"已经成为世界重要的观赏树木。

现在湖北的神农架、贵州的梵净山、四川的峨眉山、湖南的张家界和天平山以及云南省西北部，都可以看到这种树。它们大都生长在海拔 1200～2500 米的山地，树龄都在 100 年以上。

有哪些植物是中国独有的？

在裸子植物中，如银杏、水杉、银杉与金钱松等，均为中国特有的植物；在被子植物中，珙桐、喜树、观光木、水青树与鹅掌楸等都为中国所特有。

1. 珙桐树开的花像白鸽，所以又叫（　　）。
A 白鸽树　B 鸽子树　C 鸽树
2. 鸽子树是（　　）特有的树种。
A 中国　B 法国　C 英国

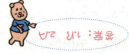
答案：1.A 2.A

28 森林为什么会发生火灾？

森林的面积很大，而且大都是相连的，里面有许多枯枝落叶、杂草堆和灌木丛，所以遇到一点儿火星就会燃起熊熊大火。如果气候干燥，又遇上雷雨季节，森林中大树的树梢很容易被雷击中而着火，从而引起火灾。另一个引起火灾的原因，则是地下泥炭层温度太高，引起了地下火。

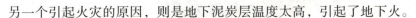

根据科学家的研究发现，有的树木可能会释放出一种人所未知的挥发性气体，遇到一定的条件就会起火。

在我国新疆天山地区有一种白鲜树，它的叶子里含有醚。醚的燃点很低，当白鲜树的果实成熟时，醚的含量也同时达到了饱和，如果这时阳光强烈，白鲜树就会自燃了。

在东南亚国家的一些

055

森林里，有一种杜鹃花科植物"看林人"，它的花、茎和叶子中含有极其丰富的芳香油，当太阳直射时，大量的芳香油会挥发出来，如果气温继续升高，"看林人"就会自燃。

奇怪的人体自燃现象

　　人体自燃是指一个人的身体未与外界火种接触而自动着火燃烧。有些人只是轻微灼伤，有的则化为灰烬。最奇怪的是，受害人所坐的椅子、所睡的床，甚至所穿的衣服，有时竟然没有烧毁。更有甚者，有些人虽然全身烧焦，但一只脚、一条腿或一些指头却依然完好无损。

小资料

考考你

　　1. 白鲜树的叶子里含有（　　），所以会自燃。
　　A 醚　B 芳香油　C 汽油
　　2. 植物"看林人"里含有丰富的（　　），所以会自燃。
　　A 醚　B 芳香油　C 汽油

答案：1.A 2.B

29 比钢铁还硬的树木是什么？

我们知道钢的硬度在金属里很高，说到一个人意志坚强的时候，总是说"有着钢铁般的意志"。那么，你知道世界上有比钢铁还硬的树吗？

这种树叫铁桦树，它的木质极硬，连子弹都打不进去。经测定，这种树木的木质比普通的钢还

要硬一倍。这种树木是我国制造车辆和轮船最珍贵的材料，它还可以代替钢铁，用于机械工业中。如果有人将这种木头造成小木筏，那无异于

自杀，因为这种木头在水里一下子就沉底了。

此外，西湖的岳飞坟边，有一种精忠柏也很坚强。相传它被抗金英雄岳飞的精神所感动而变

057

得坚硬无比，精忠柏由此而得名。

比钢铁硬的树木还有好多种。在云南、广西就发现了很多，用手敲击这些树木，会发出清脆悦耳的"当、当"声，如同击在金属上。

科学家研究发现，这些树木之所以坚硬无比，是由于其所根植的土壤中含有大量的硅质，它们吸收了硅质就变得坚硬无比了。

钢铁是世界上最硬的物质吗？

钢铁当然不是世界上最硬的物质，目前世界上最硬的物质是金刚石。我们习惯用"钢铁"形容一个人坚强的意志，也许是因为当时人们只知道钢铁是最硬的物质吧，时间久了就固定了下来。

小·资·料

考·考·你

1. 树木比钢硬是因为树根植的土壤里含（　　）。
A 硅　B 磷　C 铅
2. 西湖的岳飞坟边有一种精忠柏，传说是因为被（　　）的精神所感动变得坚硬无比的。
A 杨家将　B 屈原　C 岳飞

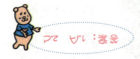
答案：1.A 2.C

30　为什么栓皮栎没了树皮还能活？

树皮是树木运输营养和水分的交通大道，一般情况下树如果没有了树皮就无法存活。但是有一种叫栓皮栎的树却不怕剥皮，为什么呢？

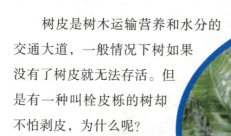

原来，在栓皮栎树木的表皮下面，有一些起保护作用的栓皮层。普通树木栓皮层中的细胞死亡后就会脱落，长出新的栓皮细胞来，而栓皮栎栓皮层的死亡细胞并不脱落，而是逐年积累得越来越厚。栓皮层分为两层：内层向内生出少量活细胞，外层

植物奥秘一点通

向外生出很多的栓皮细胞，这一部分就是软木。

剥取栓皮栎的树皮时，如果留下有生命的栓皮内层，只取那些由栓皮层死亡细胞堆积的软皮层，栓皮栎树就不会死亡。

栓皮栎树皮的用途有哪些？

暖水瓶、药瓶上各种大大小小的软木塞就是用栓皮栎的树皮制成的，它具有隔音、绝热、耐压、不透水、不导电的特性，是上好的现代工业材料。

小资料

考考你

1.（　）是树木运输营养和水分的交通大道。

A 树皮　B 树枝　C 树根

2. 人们剥的栓皮栎树皮其实是它的（　）。

A 栓皮内层　B 栓皮外层　C 栓皮层

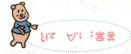

31 光棍树为什么没有叶子？

光棍树，顾名思义，就是树木光秃秃的，没有叶子，没有花，只有像棍子一样的躯干和枝丫。

光棍树主要生长在热带的沙漠地区，它长成这个样子完全是适应大自然，与干旱抗争的结

果。在热带的沙漠地区，雨水稀少，气候干旱，如果叶茂就会增加水分的蒸发，光棍树就以它的茎和枝条代替树叶进行光合作用。这样，叶子就慢慢退化了。

其实，光棍树是有叶子的，只是叶子非常小，脱落得也很快，不容易被人发现而已。光棍树的枝条里能分泌一种乳白色

植物奥秘一点通

的有毒液体，可以防止病虫侵害。如果这种液体接触皮肤，就会引起过敏，造成皮肤红肿。据分析，这种汁液可以用于燃料提取，并有希望加工成石油。

奇妙的夫妻树

"夫妻树"在古代称为"连理枝"。在浙江天目山国家森林公园里，有一对"银杏伉俪"。两棵老树的基部和树干紧紧贴在一起，树枝、树冠交错，久经沧桑而相依为命。另外，台湾有对"夫妻榕"，当一株死掉时，另一株也跟着死掉了。

小资料

考考你

1. 光棍树生长在（　　）里，所以没有叶子。
A 森林　B 水　C 沙漠
2. 光棍树不长叶子是为了（　　）。
A 减少水分蒸发　B 增加吸水量　C 减少阻力

答案：1. C　2. A

32 红色叶子可以进行光合作用吗？

植物必须通过光合作用吸收养分才能生长，叶绿素是进行光合作用的关键物质。但有些植物的叶子是红色的，像红苋菜、秋海棠、糖萝卜的叶子，它们是怎样进行光合作用的呢？

原来，这些红色的叶子里也有叶绿素，只是过多的花青素把叶绿素盖住了。如果把这些叶子放在水里加热，叶子就会变成绿色了，因为花青素很容易溶于水，而叶绿素不

植物奥秘一点通

我最喜爱的第一本百科全书

064

溶于水，这就证明了红色叶子里是含有叶绿素的。

许多生长在海底的植物，像海带、紫菜等，也常常是褐色或者红色的。它们同陆地上的植物一样含有叶绿素，只是绿色被另一类色素——藻褐素或藻红素遮住了。

紫菜是一种不可缺少的食品

紫菜含有丰富的维生素和矿物质，可以预防人体衰老；它含有大量可以降低胆固醇的牛磺酸，有利于保护肝脏。紫菜1/3是食物纤维，可以将致癌物质排出体外，特别有利于预防大肠癌。另外，紫菜中含有较丰富的胆碱，常吃紫菜对记忆衰退有改善作用。

考考你

1. 叶子里的（　）是植物进行光合作用的关键。
A 叶青素　B 藻红素　C 叶绿素
2. 红色的叶子里不仅含有叶绿素，还含有（　）。
A 叶青素　B 藻红素　C 花青素

答案：1.C 2.C

33 仙人掌有叶子吗?

仙人掌,又名仙巴掌、观音掌。仙人掌的老家在沙漠,为了适应干旱少雨的气候环境,仙人掌不断地改变自己的形态。经过与干旱长期的斗争,仙人掌的茎增大了,叶子也渐渐消失了,取而代之为茎

上一根根的小硬刺或密密麻麻的茸毛。仙人掌的叶子退化后,绿色的茎通过光合作用来制造营养。仙人掌的样子,既可以保证充足的水分和养料,还可以最大限度地减少水分蒸发,所以说仙人掌的刺就是它的叶子。

065

植物奥秘一点通

另外，沙漠地带的假叶树、梭梭、光棍树等许多植物都没叶子，这样不仅可以减少水分的蒸发，还可以减少被动物吃掉的机会。

医药学研究证实：仙人掌有较高的药用价值，可以行气活血，清热解毒，具有抗菌消炎、消肿等作用。

为什么很多人在电脑旁放仙人掌？

仙人掌肉质基上的气孔在白天会关闭，夜间会打开。所以在夜间会吸收二氧化碳，释放氧气，因此有增加新鲜空气和负离子的功能，可以减少电磁辐射。同时，它对空气中的细菌也有良好的抑制作用。

1. 仙人掌的老家在（ ）。

A 沙漠　B 大海　C 森林

2. 仙人掌的叶子为了减少水分的蒸发，逐渐变成了（ ）。

A 根　B 茎　C 刺

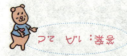

34 铁树开花为什么罕见？

　　人们常用"千年的铁树开了花，万年的枯木发了芽"来形容千载难逢的事情。的确，我国北方的铁树开花，是特别罕见的事情，但是在炎热的热带地区，铁树却会年年开花。

　　铁树又叫苏铁，在恐龙出没的时代地球上到处都是参天的铁树，后来地球气候变冷，铁树只在热带地区得以生存下来。在铁树的原产地东南亚，铁树的高度可达20多米，但是中国大部分地区地处温带，铁树作为观赏植物被移植到中国后，高度仅有1米多，在我国南方最高的也只有4米。在北方，由于气温低，铁树往往多年不开花，偶尔有铁树开了花，人们就觉得很稀罕。

　　相传铁树60年才能开一次花，但

植物奥秘一点通

是在重庆的北温泉，有一棵百岁铁树却在 1929 ~ 1945 年间，年年开花。这种现象与铁树生长在温泉附近有关，所以说，要让铁树开花并不难，只要有适宜的温度。

铁树的果实能吃吗？

铁树果实里面有一种有毒物质，食用后会产生一种神经毒素，会诱发肝脏肿瘤和脊髓萎缩。如果食用，会对人体产生很大的危害，所以还是不要知道其滋味的好。

1. 铁树开花需要（　　）。

A 高温　B 低温　C 温差大

2. 铁树又叫（　　），恐龙出没的时代地球上到处都是参天的铁树。

A 铁屑树　B 铁苏　C 苏铁

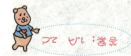

答案：1.C　2.C

35 为什么落在地上的叶子都是背面向上？

"一叶知秋"，是说当天气转凉时，看到一片叶子变黄后从树上落下来，就知道秋天到了。但是你注意过吗？树叶从树上落下来时，叶子的背面都是朝上的，这是为什么呢？

植物的叶子正面和反面接受的光照显著不同。如果我们把叶子切开，从显微镜下观察就会发现：靠近叶面的细胞是一排紧密排列的长方形细胞，

我们称为栅栏组织；而靠近叶背的细胞是排列疏松的海绵组织。栅栏组织含有大量的叶绿素，可以接收大量的阳光进行光合作用，而海绵组织的叶绿素较少，主要储存较多的水分。

当叶子变黄脱落时，叶子背面的海绵组织里的水已经被蒸发完，相对于结构紧密的叶面轻一些，所以叶子背面就朝上了。

秋天，树的哪个部分先落叶？

秋天落叶时，一般从底部的树枝开始，树梢上的叶子最后才落。这有两个原因：第一，树梢上的叶子长得比较晚，老得也就相对慢一些；第二，树梢上的叶子比下面的叶子吸收的阳光多，储存的养分多。

小资料

考考你

1. 树叶从树上落下时，一般（ ）向上。

A 背面 B 正面 C 叶尖

2. 当叶子变黄脱落时，叶子（ ）的海绵组织里的水已经被蒸发完了。

A 正面 B 背面 C 叶尖

答案：1. A 2. B

36 为什么高山上的茶叶好喝?

对喝茶有研究的人都喜欢君山银针、狮峰龙井、黄山毛峰等一些产自高山上的茶。这些茶的品质好难道真的是因为所长之地山高地险吗?

高山地区总有一

些薄雾,这些薄雾就是茶叶生长的最好助手。茶树需要水,雾气刚好能让茶树的叶子处于均匀的亲水状态,所以每片茶叶看起来都是油亮柔嫩的。还有一点就是高山上阳光充足,虽然红外线的直射会影响茶叶的营养,但

071

植物奥秘一点通

是通过薄雾的遮挡，只有紫外线通过，这样就对茶叶中含氮物的形成有了很大的帮助，也增加了茶叶中氨基酸、维生素C、蛋白质、芳香油等的积累。因此，这样的茶叶喝起来自然口感好，营养充足啦。

南方的土壤大多呈微酸性，加上空气潮湿，气候温和，非常适合茶树的生长。因此，茶树大都生长在南方。

茶叶小史

中国是茶的故乡，早在唐代以前，中国生产的茶叶便首先到达了当时的日本和韩国，然后传到印度和中亚地区，明清时期，又传到了阿拉伯半岛。在17世纪初期，中国茶叶远销至欧洲各国。中国的茶、丝绸和瓷器，成了中国在全世界的代名词。

1.高山上的（　　）对茶叶的成长有很大帮助。
A 薄雾　B 雨露　C 阳光

2.高山上的薄雾挡住了破坏茶叶营养的（　　），只让有利于茶叶营养的紫外线通过。
A 红外线　B 无线电　C 紫外线

答案：1.A　2.C

37 绿茶和红茶是怎么制成的？

茶叶是茶树上绿色的叶子，但为什么还有红茶和绿茶之分呢？其实它们都是用新鲜的茶叶制成的，区别就在于发酵。

制作红茶时，要将茶叶揉碎，让绿色的汁流出来，然后让它发酵。在发酵的过程中，叶绿素被破坏了，而茶叶中的鞣酸

与氧气发生作用，就变成了红色。这样，绿色被红色取代，红茶就形成了。

制作绿茶时不经过发酵，而是把新鲜茶叶倒入烧得暗红的铁锅中迅速翻炒。这样

073

加工的茶叶水分被蒸发干，叶绿素没有被破坏，就成了绿茶。

　　绿茶比红茶香是因为绿茶中含有芳香油，当沏好一杯绿茶时，茶中的芳香油就会挥发，但是喝起来，绿茶有点涩，那是含鞣酸的缘故。而红茶中的鞣酸在发酵过程中凝固了，不再溶于水，所以喝起来没有涩味。

喝红茶还是绿茶，这里面有学问哦!

　　绿茶可防脑中风，对嗜烟者有益，有降血脂效应、防癌作用，可提高抗生素的疗效，醒脑清心。红茶性温，能起到化痰、消食、开胃的作用，对于那些脾胃虚弱的人来说，最适宜饮用红茶。但两者都具有抗氧化、降低血脂、抑制动脉硬化、杀菌消炎、增强毛细血管功能等功效。

小资料

考考你

1.红茶和绿茶都是（　）的茶叶制成的。
A 红色　B 绿色　C 黄色
2.红茶和绿茶的区别在于制作时的（　）过程。
A 炒干　B 晒干　C 发酵

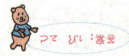

答案：1.乙 2.丙

38 咖啡和茶为什么不能多喝?

咖啡、可可和茶叶，被称为世界三大饮料，已经成为我们生活中不可缺少的东西了。咖啡是由咖啡树的果实加工而成的，茶叶是由茶树的叶子加工而成的，都有提神的作用。然而它们都是不能过多饮用的，这是为什么呢?

咖啡中含有咖啡因，咖啡因是咖啡中一种较为柔和的兴奋剂，它可以提高人体的灵敏度、注意

力，加速人体的新陈代谢，改善人体的精神状态和体能。目前，人类在大约 60 种植物中发现了咖啡因。

不仅咖啡中含有咖啡因，茶叶中也含有咖啡因，而且含量通常为 2% ～ 3%，有时可高达 5%。茶叶中还含有茶碱，茶碱和咖啡因都能使心脏兴奋，扩张冠状血管和末梢血管，并有利尿的作用。

咖啡是我们少不了

植物奥秘一点通

的健康饮品，通常人体每天可以消耗将近500～600毫克的咖啡因，约等于5杯咖啡，在这个范围内不会产生任何副作用。但喝了过量的咖啡因就会使人出现失眠、心悸、头痛、耳鸣、眼花、头晕等症状，从而危害身体健康。

有关可可的历史

可可来源于可可树的种子，大约在三千年前，美洲的玛雅人就开始培植可可树。可可是一种苦味的饮料，后来流传到世界各地。古代墨西哥人称其为 Chocolatl，意思是"热饮"，就是"巧克力"这个词的来源。

小资料

考考你

1. 世界三大饮料不包括（　）。
A 可口可乐　B 茶叶　C 咖啡
2. 茶叶中没有（　）。
A 茶碱　B 蛋白质　C 咖啡因

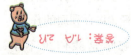

答案：1.A　2.B

39 什么蔬菜和水果富含维生素 C ?

维生素 C 又叫抗坏血酸，是维持人体正常活动不可缺少的营养物质，它能使人筋骨强健，提高抗病能力。

人体内的维生素主要是从新鲜的蔬菜和水果中吸取的。由于维生素 C 不能在身体内积累，因此我们需要每天吃适量的蔬菜和水果。在正常情况下，成年

人每天需要维生素 C 50 ~ 100 毫克，幼儿需要 30 ~ 50 毫克，哺乳期的妇女需要 150 毫克。

一般来说，蔬菜类和酸味浓的水果中含维生素 C 比较多。按照 100 克的鲜品计算，白菜、油菜、香菜、菠菜、芹菜、苋

植物奥秘一点通

菜、菜苔含维生素 C 30～40 毫克；萝卜、芥菜、黄瓜、番茄、豌豆含维生素 C 40～50 毫克；苦瓜、青椒、香椿、雪里蕻含维生素 C 达到 60～90 毫克。水果中的柑橘类、荔枝、芒果、草莓含维生素 C 25～50 毫克；红果含 80 毫克；枣子及猕猴桃中含维生素 C 200～400 毫克；含维生素 C 最多的要属刺梨，能达到 1500 毫克。

怕热的维生素 C

　　维生素 C 是整个维生素家族中，对人体影响最大的一位。但它却是个怕热的家伙，当温度达到 70℃以上时，其结构就会被破坏。因此，在烹调蔬菜时，要少用点时间。

小资料

考考你

　　1. 维生素（　　）又叫抗坏血酸，可以提高人体抗病能力。

　　A A　B B　C C

　　2. 一般来说，蔬菜类和（　　）的水果里含维生素 C 比较多。

　　A 酸味浓　B 甜味浓　C 颜色红

答案：1. C　2. A

40 为什么要把果实套在袋子里？

在果实成长过程中，将幼果套于特制的袋子里叫果实套袋。这种技术已经在苹果、梨、桃、葡萄、香蕉等多种水果栽培中应用，是提高果品质量，推广无公害果品的重要手段。那么给果实套袋有什么好处呢？

第一，保护果实不被害虫侵食。实践证明，套袋可使因害虫入侵而导致的烂果率大幅度降低；第二，促进果实着色。通过套袋可使红色品种果实颜色鲜艳；第三，避免果实表面长锈斑；第四，可减少喷药次数；

植物奥秘一点通

第五，避免农药直喷于果面，减少水果面上的农药残留量。

套果实的袋子是专用的，分为单层和双层。套袋必须在没有露水时进行。不同的水果套袋时间也不相同，比如橙子在六七月份的中旬，桃梨在5月的上中旬，葡萄在5月中下旬。摘袋前浇一遍水，可以防止果实被太阳晒伤，摘掉袋子后要及时入库贮存。

新买的苹果上有字是怎么回事？

苹果上有字是人为的。只要在苹果成熟前一段时间，贴上有字的纸即可。由于贴纸的地方不见阳光，不能发生光合作用，色素也就不会在那里产生了。等摘下来后，苹果上就有字了。

小资料

考考你

1.把果实套在袋子里可以避免果实被（　　）侵食。

A 害虫　B 人　C 益虫

2.对（　　）果实套袋可使果实颜色鲜艳。

A 红色　B 绿色　C 黄色

答案：1.A 2.A

41 果实成熟后为什么会掉下来?

为什么果实成熟后会从树上自行脱落呢?因为果实成熟后会变重,细弱的树枝不堪重负,自然而然就掉下来了。当果实成熟时,果实与树枝相连的果柄细胞开始衰老,最后变成干枝,这时,由于地心的吸引力,果实便会落地。

但不到收获季节时,早熟的果实落到地上,就会影响最后的收成。

植物奥秘一点通

比如，一株棉花一般能结 60 个棉桃，但如果很多棉桃早熟落地，最后能采收到棉絮的果实就没有那么多了。现在，科学家已经研制出一种植物生长刺激剂，它能刺激果树在果实成熟时继续向果柄提供营养，使脱落的果实大大减少，以提高农作物的收成。

成熟的果实为什么不会掉到天上去？

成熟的果实只能掉到地上，主要是由于地心引力的作用。一切有质量的物体之间，都会产生互相吸引的作用力。地球对其他物体的这种作用力，叫做地心引力，而这种引力的方向是向着地心的，所以成熟的果实只能落到地上。

小资料

考考你

1. 当果实成熟后，（　　）细胞开始衰老，变成干枝。

　　A 果实　　B 果柄　　C 果枝

2. 科学家研制了一种植物生长（　　）剂，可以刺激果树一直给果柄提供营养。

　　A 刺激　　B 兴奋　　C 缓和

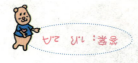
答案：1.B 2.A

42　水果为什么有香味?

如果把香蕉、苹果、梨等水果在房间里放上一段时间，就会闻到一股水果的香味。特别是菠萝，在房间放几天后，就会闻到特别强烈的芳香味。

如果将水果进行水蒸馏，水蒸气冷却后，就可见到漂在上面的油珠或油层，这些油状物就是水果的芳香物质。芳香物质是由多种化学成分组成的混合物，各种水果里所含的芳香物质成分不同，所以产生的香味也不同。

芳香物质的含量是由水果成熟的时间决定的，比如夏天成熟的菠萝比冬天的菠萝香味更浓一些，桃子的芳香也是快成熟的时候才产生的，不熟的

植物奥秘一点通

桃子就没有香味。而成熟的果实贮藏一段时间后，其芳香物质的含量会略微升高，因此香味更浓。

人们用化学方法人工合成水果中的芳香物质，调配成各种水果香精，作为水果糖、饮料的香味添加剂。

菠萝蜜的妙用

刚装修过的房屋，往往有各种刺鼻的化工原料气味，可以把一只破开肚的菠萝蜜放在屋内除味。由于菠萝蜜个体大，香味极浓，几天就可以把异味吸光。

1. 水果有香味是因为水果中含有（　　）物质。
A 芳香　B 营养　C 有机

2. 如果将水果进行水蒸馏，水蒸气冷却后，上面漂的油状物质是（　　）。
A 有机物质　B 芳香物质　C 无机物质

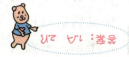

答案：1.A　2.B

43 为什么南方多柑橘、北方多苹果？

　　任何植物的生长都与环境有关，只有在适宜的环境下植物才能生长，就像柑橘大多种植在南方，而苹果大多种植在北方。

　　柑橘树和苹果树是两种不同的植物，它们生长所需的环境也不相同。

　　柑橘树原产于我国的中南部地区，喜欢高温多湿的气候。柑橘树在0℃以下时间长了就会冻伤，只有在年平均温度在15℃以上的地区，才能顺利栽培。它需要的空气湿度以75%为佳，年降雨量需要1000～2000毫米，这些环境条件是北方所不具备的。

　　苹果树的要求刚好和柑橘相反。它适宜于夏季干旱、温度不高的地区，有较强的耐寒力，而且在冬季需要两个月的低温，来解除休眠才能恢复生长。这些条件在陕西、山东、河北、辽宁、

植物奥秘一点通

甘肃等省完全具备，尤其是陕西渭北地区，是苹果生长的理想之地。

当然，这种情况也不是绝对的。以前被认为是苹果树禁区的广东和福建等一些地区，现在也已经种植了苹果树。

苹果的历史

现在的商品型苹果原产于欧洲、中亚、西亚和土耳其一带，哈萨克斯坦的阿拉木图有苹果城的美誉。苹果在19世纪传入我国。

小资料

考考你

1.南方多柑橘，北方多苹果主要是受（　）影响。

A 环境　B 土壤　C 人为

2.我国陕西的（　）地区是苹果生长的理想地方。

A 渭中　B 渭西　C 渭北

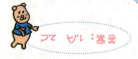

答案：1.A 2.C

44 香蕉有种子吗？

香蕉的故乡在亚洲热带地区。香蕉树高达 10 米，但它不是树，只是多年生的草本植物。

香蕉属于开花植物，开花结籽是自然规律。所以香蕉是有种子的，香蕉中间一排排褐色的小颗粒，就是它的种子，只不过已经退化了。

以前的野生香蕉中有一粒粒很硬的种子，吃起来口感不好。后来经过长期的人工选择和培育改良，野香蕉发生了变异，成了现在我们所看到的香蕉，果实中硬硬的种子也没有了。

植物奥秘一点通

香蕉里面有很多叶绿素和叶黄素，刚摘下来的香蕉里面叶绿素多，所以是青色的。放几天以后，叶绿素明显减少，叶黄素就显现出来了，香蕉也由青变黄，味道也变得更香甜了。

香蕉营养丰富，除了当水果食用外，还有止泻、调节肠胃的功效，根茎的汁还可以医治黄疸病、头痛和麻疹。

为什么有的足球、网球运动员上场前吃香蕉？

足球、网球运动员喜欢在上场前吃香蕉，这有助于临场表现。因为香蕉的糖分可迅速转化为葡萄糖，立即被人体吸收，是一种快速的能量来源。另外香蕉属于高钾食品，钾离子可强化肌力和肌耐力，因此特别受运动员的喜爱。

小资料

考考你

1.香蕉属于（　）植物，开花结籽是自然规律。
A 无花　B 无籽　C 开花
2.野生香蕉里的种子是很（　）的。
A 少　B 软　C 硬

答案：1.C　2.C

45 无籽西瓜是怎样培育出来的？

生物学家发现植物的染色体有三种类型：单倍体、二倍体、三倍体。单倍体只有花粉和卵细胞才有；细胞是二倍体的植物，可以传宗接代，有种子长出；细胞是三倍体的就不会结种子；所谓无籽西瓜，就是利用遗传上三倍体不能形成种子的原理，育成的没有种子的西瓜。

普通西瓜的身体细胞中含有22条染色体，它们可以配成11对，即11对同源染色体，它们可以产生正常的花粉和胚珠，结出正常的种子。

科学家们为了得到三倍体的西瓜种子，通过秋水仙精处理，获得了同源四倍体（含有44条染色体）以后，又以四

植物奥秘一点通

倍体西瓜做母亲，普通（二倍体）西瓜做父亲，经过杂交，就获得了三倍体西瓜，即无籽西瓜。这样的西瓜不仅可以免去吐籽的麻烦，吃起来比较爽口，还能使养料集中到瓜肉上，大大提高了品质。

酒味西瓜是怎么培育出来的？

出自美国园艺师的"酒味西瓜"，它的培育方法十分特别。在西瓜开始生长时，用一根灯芯，一端浸在美酒里，另一端接在瓜藤的切口上，并用石膏封牢。当西瓜成熟后，切开西瓜，酒香扑鼻，别有风味。

小 资 料

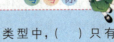

考 考 你

1. 植物染色体的三种类型中，（   ）只有花粉和卵细胞才有。

A 单倍体   B 二倍体   C 三倍体

2. 植物染色体的三种类型中（   ）不会结种子。

A 单倍体   B 二倍体   C 三倍体

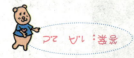

答案：1.A 2.C

46 为什么葡萄"爬"在架子上？

藤本植物的特征是茎细而长，只能匍匐在地面上或依赖其他物体支持向上攀升。木质藤本植物有葡萄、紫藤，草质藤本植物有牵牛花、葫芦、爬山虎。如果按其攀附方式来说，葡萄属于

卷须藤本，爬山虎属于吸附藤本。爬山虎没有支撑身体的茎，它的茎上长有许多细长弯曲的卷须，每根卷须顶端都有一个小吸盘，所以它们爬在墙上任凭风吹雨打也不会脱落下来。

而葡萄的祖先是生长在森林里的野生植物，它的生长需要阳光，但是它没有直立的枝干，周围的大树都把阳光吸收了，为了争取更多的阳

植物奥秘一点通

我最喜爱的 第一本 百科全书

092

光，它只好爬上大树。

　　那葡萄是怎么爬到大树上去的呢？仔细观察就可以看到葡萄藤上有很细的卷须，它可以在空中旋转摆动，当卷须一碰上树干或柱子时，它就会很快地卷在上面。卷住后，它就会不断地往上攀爬，而且不会断。

喝葡萄酒的最佳方法

　　打开葡萄酒后，最好放置 20 分钟左右，让酒充分与空气接触，专业术语叫"醒酒"。喝葡萄酒最好用专用的葡萄酒杯，握的时候不要将手掌贴着葡萄酒杯，否则酒会随着手心的温度而升高，破坏酒的原味。

小资料

考考你

　　1. 葡萄的祖先（　）直立的树干。

　　A 有许多　B 有一棵　C 没有

　　2. 葡萄树枝上有很细的（　）在空中摆动，遇到树干或柱子时就会卷上去。

　　A 花须　B 胡须　C 卷须

答案：1. C　2. C

47 什么样的西瓜是熟西瓜？

西瓜内含93%的水分，在水果中含水量最多。西瓜汁中富含维生素C、果糖、果酸、葡萄糖等多种营养物质，是夏季消暑解渴的佳品。但是，生西瓜却肉质坚硬，淡而无味。那么，我们怎样才能分辨出熟西瓜呢？

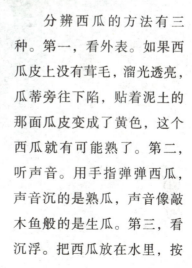

分辨西瓜的方法有三种。第一，看外表。如果西瓜皮上没有茸毛，溜光透亮，瓜蒂旁往下陷，贴着泥土的那面瓜皮变成了黄色，这个西瓜就有可能熟了。第二，听声音。用手指弹弹西瓜，声音沉的是熟瓜，声音像敲木鱼般的是生瓜。第三，看沉浮。把西瓜放在水里，按它一下还往上浮的就肯定是熟瓜。

西瓜是贴着地面生长的，上面有很多细菌和脏东西，所以在切西瓜前必须把西瓜皮洗净。

西瓜最早产自中国吗?

　　我国是世界上最大的西瓜产地，但西瓜并非源于中国。早在4000年前，埃及人就开始种植西瓜了。后来由地中海沿岸传至北欧，而后南下进入中东、印度等地，四五世纪时，由西域传入我国，所以称之为"西瓜"。

 考考你

1. 水果中含水分最多的是（　　）。
A 西瓜　B 桃　C 桔子
2. 如果水底有一个大西瓜，它肯定是（　　）西瓜。
A 生　B 熟　C 不一定

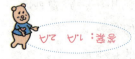

48 为什么甘蔗的下段比上段甜?

　　甘蔗是热带、亚热带作物，具有喜高温、需水量大、吸肥多、生长期长的特点。它对热量的要求尤其高，冬季最低温度如果低于0℃，就有可能遭受冻害。我国南方中亚热带、南亚热带和热带水热条件较好的河谷平原、三角洲，是适宜种植甘蔗的地区。

　　到了秋天，是吃甘蔗的季节。小朋友们在吃甘蔗的时候都抢着吃下段，你们知道这是为什么吗？

这是因为成熟的甘蔗下段比上段甜。甘蔗在成长过程中，要不断地消耗养分，没有成熟的甘蔗上下都不会甜。成熟以后，就会制造出较多的糖分，成熟的甘蔗不再消耗养分了，多余的糖分就会贮藏在甘蔗的下段。另外，由于甘蔗通过叶片进行光合作用，叶片需要吸收大量的水分，所以甘蔗本身的水分大多贮存在叶子附近，而根部的叶子比较少，水分也就少了，这样根部糖的浓度相对就比较高，所以甘蔗下段比上段甜。

甘蔗对身体有哪些好处？

甘蔗汁具有解热止渴、生津润喉、助脾健胃、利尿和滋养的功效，可用于口干舌燥、津液不足、小便不利、大便秘结、反胃呕吐、消化不良、发烧口渴等病症。

小资料

考考你

1.甘蔗的（　）甜。

A 上段　B 中段　C 下段

2.甘蔗的上段贮存水分多，下段水分少，所以下部的（　）相对浓度高。

A 糖　B 碱　C 酸

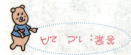

答案：1.C　2.A

49 吃菠萝前为什么
要蘸盐水?

菠萝是凤梨科多年生常绿草本植物，每株只在中心结一个果实。果实呈圆筒形，由许多子房和花轴聚合长成，是一种复合果。菠萝味香肉甜，营养丰富，但是吃的方法很特别，需要在食用前削皮后把它切成小块蘸着盐水吃。可是，这样做香甜的果肉不会变咸吗?

这要从菠萝的营养成分说起。菠萝里含有丰富的糖分、维生素 C 和多种有机酸，还含有一种叫做"菠萝酶"的特殊物质。如果吃了没有蘸盐水的菠萝，口腔和嘴唇就会有麻木刺痛的感觉，这是菠萝酶在作祟，它能够分解蛋白质，对我们口腔中的薄膜和嘴唇都有较强的刺激，而食用

植物奥秘一点通

盐能抑制菠萝酶的活性。

因为菠萝酶能分解蛋白质，所以少量食用菠萝能增加食欲，但是过量食用就会引起肠胃病。

为什么老年人要多吃菠萝？

菠萝含有大量蛋白酶、有机酸、蛋白质、矿物质等，味甘酸，性平和，对肾炎水肿、高血压、支气管炎有疗效，这对老年人的健康非常有利。

小资料

考考你

1. 菠萝里含有（　　），对口腔薄膜和嘴唇有较强的刺激。

A 菠萝碱　B 菠萝酶　C 食物碱

2. （　　）可以抑制菠萝酶的活性。

A 清水　B 食油　C 食盐

答案：1.A 2.C

50　为什么梅子特别酸？

梅子树是中国的特产，它不但可以生吃，还可以加上糖、盐浸泡，晒干后制成陈皮梅、话梅、糖梅，也可以做成酸甜可口的梅酱和酸梅汤。半熟的梅子如果经过熏制制成乌梅，还有治痢疾、驱蛔虫、治咳嗽的作用呢！

爱吃零食的小朋友一定都吃过话梅，口感酸中带甜。但这些梅子大都是经过人工加工的，原味的梅子特别酸，所以有人听到别人提起梅子就会流口水。

原来，梅子里含有许多有机酸，如酒石酸、单宁酸、苹果酸等，如果吃的是还不熟的青梅，会感觉是苦苦的酸，因为青梅里还含有苦味酸、氰酸。随着梅子的成熟，有些有机酸会慢慢分解，还有一些会转化成糖，但是成熟后的梅子里的有机酸也比其他果子里含量高，因此，梅子比其他水果酸。

099

植物奥秘一点通

你知道"望梅止渴"的故事吗？

　　曹操带兵走到一个没有水的地方，士兵们非常口渴。为了激励士气，曹操对士兵们说："前面不远处有一片很大的梅林，梅子特别多，又甜又酸，到时我们吃个痛快。"士兵们听了，一个个都流出口水来，于是行军的速度也加快了。

小资料

考考你

1. 梅子里含有许多（　　），所以吃起来很酸。
A 有机酸　B 梅子粉　C 梅青酸
2. 梅子树是（　　）的特产。
A 日本　B 法国　C 中国

答案：1. A　2. C

51 花儿为什么那么香？

玫瑰花香得浓烈，桂花香得甜醉，兰花香得清新，为什么花儿会散发出香味呢？

原来，花朵中有一种油细胞，里面藏着芳香油。不同的花会产生不同的芳香油，所以香味也不同。这种油会随着水分一起挥发到空气中，尤其是阳光充足的时候，芳香油挥发得特别快，花香味也更浓。

不要担心芳香油会挥发完，它是会不断产生的。它不但可以减少植物中水分的散失，而且挥发的香味还能引诱昆虫前来采蜜和传授花粉。

颜色艳丽的花一般香味都不浓，它们在生长进化过程中主要靠颜色来吸引昆虫来传播花粉，用不着挥发香味。而颜色不鲜艳，花瓣小

101

植物奥秘一点通

的花则有很浓烈的香味，因为它们必须用花香来吸引昆虫帮它们传粉。

夜来香只有在夜间香味才更浓，因为它的花瓣上有一种特殊的气孔，当空气湿度增高时就会扩张，发出的香味就更浓。所以，它在夜间和阴雨天散发的香味更香。

胭脂是用花瓣做的吗？

胭脂实际上是由一种名叫"红蓝"的花朵制成的，它的花瓣中含有红、黄两种色素，花开之时被整朵摘下，然后放在石钵中反复杵槌，淘去黄汁后，即成鲜艳的红色染料。

小资料

102

考考你

1.花朵的油细胞中可以分泌（　），使花有不同的香味。

A 芳香素　B 花香素　C 芳香油

2.当阳光充足时，夜来香的芳香味比晚上（　）。

A 一样　B 淡　C 浓

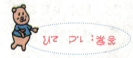

答案：1.C　2.B

52 牡丹为什么是 "百花之王"？

在花的王国里，人们说牡丹是"百花之王"，这是为什么呢？

艳丽动人的牡丹，它花色鲜艳，姿态万千，色香俱
佳，是名贵的观赏花木。牡丹的颜色较多，有红牡丹、
紫牡丹、白牡丹、黄牡丹等，更为稀罕的还有黑
牡丹、绿牡丹。

历史上流传着美牡丹不畏权势的故事。传说，
在一个大雪纷飞的日子，女皇武则天在长安游后花
园时，命令百花同时开放，以助她的酒兴。可是各种花开
花的时间都不一样啊，紫罗兰在春天盛开，玫瑰花在夏

植物奥秘一点通

我最喜爱的 第一本 百科全书

，所以要使百花同时开放是

都违时地开放了，唯有牡丹，

怒，便把牡丹贬到洛阳。牡

不屈的性格。

牡丹的根做药，中医上称它

力效。

为什么说"洛阳牡丹甲天下"？

自唐代以来，洛阳就以"牡丹甲天下"的美名流传于世。宋人曾赋诗句"洛阳地脉花最宜，牡丹尤为天下奇"来称赞洛阳牡丹。据有关史料记载，宋代的洛阳牡丹有100多个品种，而且有不少名贵品种，其中的"姚黄"、"魏紫"，被誉为牡丹的"王"和"后"，尤为人们所喜爱。

1. 在花的王国里，人们说(　　)是"百花之王"。

A 月季　　B 芍药　　C 牡丹

2. 牡丹还是一种很好的药材，牡丹的(　　)做药，中医上称它为"丹皮"。

A 根　　B 花　　C 叶子

答案：1.C 2.A

104

53 花有"年龄"吗？

人们的年龄是过一年为一岁；树的年龄也一样，过365天，才能长一岁。可是，你知道花有"年龄"吗？没有！这是为什么呢？

原来，没有一朵花能开一年而不凋谢，所以，花就不能用"年"龄来计算，它只能用天、小时来计算。兰花是热带的一种花，它能开80天左右，已经是花中的老寿星了；铁树花可开50天左右，石

105

植物奥秘一点通

斛花能开 30 天左右；我国十大名花之一的牡丹花，只能开几天的时间；有名的王莲，开花时间只有 2 天。

还有开花时间更短的，就只能用小时来计算了，像牵牛花、木槿花、昙花等开几个小时就凋谢了；最短的，也是人们不注意的小麦花，只开 5 分钟到半个小时的时间。

"昙花一现"是什么意思？

因为昙花开放时间极短，开花之后很快就凋谢了。所以，用"昙花一现"来比喻稀有罕见的事物，或者比喻显赫一时的风云人物，出现一下就迅速销声匿迹了。

小资料

考考你

1. 兰花是热带的一种花，它能开（　）天左右，就已经是花中的老寿星了。

A 50　B 80　C 30

2. 植物开花时间最短的是（　）。

A 小麦花　B 芍药　C 牵牛花

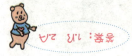

答案：1. B　2. A

54 花芽是怎样过冬的？

寒冷的冬天，滴水成冰，娇嫩弱小的花芽是怎样度过严冬的呢？

如果天气很冷，花芽的细胞里出现了冰晶，那么细胞膜一破，植物就会死亡。可是，日本札幌季温研究所的两位科学家做了一个试

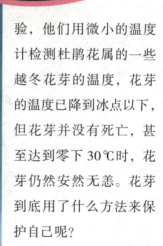

验，他们用微小的温度计检测杜鹃花属的一些越冬花芽的温度，花芽的温度已降到冰点以下，但花芽并没有死亡，甚至达到零下 30℃时，花芽仍然安然无恙。花芽到底用了什么方法来保护自己呢？

原来花芽细胞进行了一种脱水过程，脱出的水渗到花芽的外层细胞，这样冰晶就只存在于外层细胞的间隙里，

植物奥秘一点通

而不能伤害花芽内部了。就这样，严寒在小小的花芽面前败下阵来，再也无法伤害花芽了。

春天来到时，气温升高。外层的水分又回到了花芽内部，花芽就可以在春天的滋润下苏醒发芽了。

什么是花芽分化？

花芽分化是指植物茎生长点由分生出叶片、叶芽转变为分化出花序或花朵的过程。一般花芽分化可分为生理分化、形态分化两个阶段。芽内生长点在生理状态上向花芽转化的过程，称为生理分化。花芽生理分化完成的状态，称作花发端。此后，便开始花芽发育的形态变化过程，称为形态分化。

小资料

考考你

1. 如果天气很冷，花芽的细胞里出现了冰晶，那么（　）一破，植物就会死亡。

A 细胞核　　B 细胞膜　　C 细胞壁

2. 花芽细胞进行了一种（　）过程，脱出的水渗到花芽的外层细胞。

A 放水　　B 吸水　　C 脱水

答案：1.B　2.C

55 玫瑰为什么长刺?

玫瑰原产于亚欧干燥地区,我国华北、西北和西南地区,还有日本、朝鲜均有分布。玫瑰,也叫刺玫花、徘徊花、穿心玫瑰,每年四五月开花,属蔷薇科植物,颜色有红色、紫色、白色、绿色等,又有单瓣与重瓣之分。

玫瑰确实很美,但是一不小心就会被它的刺所伤。玫瑰长刺是长期与大自然做斗争的结果,是为了保护自己的叶、花和芽不被野外的动物或鸟吃掉。

玫瑰与月季是姊妹花,花形花色很相近,长得就像双胞胎。不同点表现在以下几个方面。一是枝条不同:月季枝条直立稍扩张,枝上常有少量的钩状皮刺;玫瑰直立,枝上多刺和刚毛。二

植物奥秘一点通

是叶片不同:月季小叶少,一般为 3 ~ 5 片,叶面较平展不凹陷,无皱纹;玫瑰小叶为 5 ~ 9 片,质地较厚,叶脉凹陷,叶面多皱纹,叶背附有一层白霜似的柔毛。三是花朵不同:月季一般为顶花单生,也有数朵簇生的,花朵大,花径一般在 6 厘米以上,每年开花 4 ~ 6 次,色彩丰富,多为重瓣;玫瑰花单生或簇生,每年 5 ~ 8 月只开花一次,香气比月季浓,花柄短,花径约 3 厘米左右,花多为紫红色,有单瓣和重瓣种。

玫瑰有药用价值吗?

玫瑰可以入药,其花阴干,有行气、活血、收敛作用,其果实中维生素 C 含量很高,是提取天然维生素 C 的原料。

1. 玫瑰在（　　）月开花。

A 三四　B 四五　C 五六

2. 玫瑰长刺是为了（　　）。

A 好看　B 有个性　C 保护自己

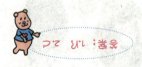

答案:1.C 2.C

56　杜鹃花为何被称为"花中西施"?

"花中西施"出自诗人白居易的诗句"花中此物是西施，芙蓉芍药皆嫫母"。这句诗的意思是杜鹃乃花中西施，相比之下，芙蓉和芍药都成了老太婆。

杜鹃花是一种小灌木，有常绿性的，也有落叶性的。它是当今世界上著名的花卉，全世界有800多个品种，主要分布在亚洲、欧洲和北美洲。我国是杜鹃花的主要产地，品种约有

600多个。

杜鹃花十分美丽，花色繁多，有深红、淡红、玫瑰红、紫色和白色等。春天来临时，杜鹃花开得漫山遍野，五彩缤纷。

111

植物奥秘一点通

杜鹃花也适合盆栽，放置于家中。杜鹃花形呈漏斗状，花瓣有酸味，可以吃，但一次不可多吃，吃多会流鼻血。

1919年，英国人在云南省腾冲县高黎贡山上发现了一株杜鹃花树，高达25米，树干直径2.6米，树龄已经有260岁，被称为"世界杜鹃花王"。

野生杜鹃花俗称映山红，主要分布在长江流域各省以至云南、台湾的山地和丘陵。

一些花的别称

花中之王：牡丹；花中皇后：月季；花中西施：杜鹃；花中仙子：荷花；凌波仙子：水仙；花中隐士：菊花；花中之相：芍药；花中珍品：山茶花；金秋娇子：桂花；花中魁首：梅花；蔷薇三姊妹：月季、玫瑰、蔷薇。

小 资 料

考 考 你

1. 杜鹃被称为"花中西施"是出自诗人（　）的诗句。

A 白居易　B 李白　C 杜甫

2. （　）是杜鹃花的主要产地。

A 日本　B 中国　C 英国

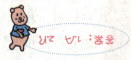

答案：1.A 2.B

57 水仙为什么只喝清水就能开花?

在万花凋谢的冬季，如果能看着一盆在清水中亭亭玉立的水仙，你一定会神清气爽。为什么仅有一些清水而没有泥土，水仙就可以长得绿叶青青，气味清香呢?

一般的植物都需要吸收土壤中的营养才能存活，而水仙是多年生鳞茎植物，所以它不

需要土壤。它的生长过程和一般的花也不同，每年秋天把水仙的小鳞茎种到土壤里，它就会长出叶子。第二年夏天，把生长了一年的小鳞

茎挖出来，存放在阴凉、干燥的通风处，到秋天再种到土里。如此反复5年以后，它就长成大的鳞茎了。我们在花卉市场买到的水仙"种子"，就是这种大鳞

植物奥秘一点通

茎。由于它在土里生长了5年，贮存了许多养料，所以只要清水就可以长叶、开花。

大鳞茎放在清水中，生长很快，几天后它就可以长出叶子，并逐渐开出美丽清香的花朵。有些细心的养花人还会用它做出多姿的花卉造型。

注意，水仙有毒！

水仙有毒，触摸完水仙后，一定要把手洗干净。有孩子的家庭更应注意，最好把水仙放在孩子摸不到的地方，切记不要让孩子触摸水仙鳞茎，更不能误食。一旦大量食用，会产生呕吐、腹痛、昏厥等症状，有时候甚至会有生命危险！

小资料

考考你

1. 水仙只需要（　　）就可以开花。

A 空气　B 水　C 泥土

2. 水仙的鳞茎需要在土里种（　　）年，才能种在清水中。

A 1　B 5　C 10

答案：1.B　2.B

58 向日葵为什么总是面向太阳？

很多植物的叶子和幼苗，都会向着太阳的方向生长或弯曲，这些是植物生长素在起作用。但是有的植物却恰恰相反，是背着阳光转的，这种特性在生物上叫"负向光性"。

向日葵的花梗上长着一个金色的大花盘，花盘的中心有上千朵小管状花，花盘的边缘长着一两圈舌状花，每朵管状花成熟后，便会结出一颗葵花子。那美丽的大花盘在生长过程中，为什么总是向着太阳呢？

115

向日葵面向太阳的秘密，就在于花盘下面的茎部里含有一种"植物生长素"。这种生长素胆小怕光，一遇光线照射，就会躲到背光的一面去，同时它还刺激背光一面的细胞迅速繁殖。所以，背光的一面就比向光的一面生长得快，使向日葵产生了向光性弯曲。

随着太阳的移动，植物生长素在茎里也不断地背着阳光移动，这样向日葵的花盘就总跟着太阳转。当结籽后，向日葵的花盘太重了，它就会低下头，不再随着太阳转了。

一种只为月亮开花的植物

有一种植物叫月见草，主要生长在河畔的沙地上，但是在高山及沙漠也能发现它的踪影。月见草的花在傍晚慢慢盛开，至天亮即凋谢，是一种只开给月亮看的植物。

1. 向日葵面向太阳的秘密在于花盘下面的茎部有一种（　　）。

A 植物向阳素　B 植物综合素
C 植物生长素

2. 如果植物的叶子背着太阳的方向生长，这种特性在生物上叫（　　）。

A 负向光性　B 正向光性　C 中和向光性

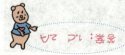

答案：1.C 2.A

59 昙花为什么只开一会儿就谢了？

昙花高约 2 米，没有叶片，夏、秋两季开花，白色的昙花能散发出迷人的芳香，但它通常在夜间 8 点到 12 点之间开放，三四个小时后就会凋谢。

昙花原产于美洲中部的墨西哥和南美洲热带的沙漠中，那里气候炎热、干燥，缺乏水分。昙花要在这种贫瘠的沙漠中生长和繁殖，它的形态构造和生理功能就必须与环境相适应。如果白天开花，就会被晒枯烤焦，也不会有昆虫来为它传粉帮助它繁殖后代。只有夜里气候转凉后，昙花才能开得比较鲜艳，而且沙漠里的昆虫也是这时候出来活动，昙花就有机会授粉。因此，昙花在夜间开花和只开一会儿就凋谢的生理特性，是在漫长

117

的年代里为了适应生存而形成的。

由于昙花只在那短短的数小时内吐露芳香，故有"昙花一现"的说法。

适合放在房间里的昙花

昙花虽然花期短，但是清香四溢，它还有很多优点，非常适合我们放在室内。

我们常见的绿色植物一般是白天进行光合作用吸收二氧化碳释放氧气，夜晚吸收氧气呼出二氧化碳。然而昙花恰恰是相反的，它会在夜晚吸入二氧化碳，释放氧气。

昙花可以增加室内的负离子含量。负离子可以说是空气的维生素，如果居室内的负离子含量减少时，人们便会感觉到憋气和窒息。昙花能够释放出负离子，让室内的空气清新怡人。

昙花的气味有杀菌抑菌的能力，让室内境充满健康的气息。

小资料

考考你

1.昙花在夏、秋两季开花，（ ）叶片。
A 有两个　B 有多个　C 没有
2.昙花原产于美洲中部墨西哥和南美洲热带的（ ）中。
A 沙漠　B 山区　C 高原

答案：1.C　2.A

60 睡莲为什么要"睡觉"?

有一种莲花，它每天早上八九点钟醒来，慢慢抬起头，伸着懒腰迎接太阳，到中午开放出艳丽的花朵，而在暮色降临的傍晚，它就会收起花瓣进入梦乡。由于这种特性，人们都叫它"睡莲"。

睡莲真的在睡觉吗？其实睡莲的闭合是由于阳光的作用，睡莲对阳光特别敏感，阳光照到花瓣上时，它的生长就会变慢。清晨，当初升的太阳照射到睡莲后，闭合着的睡莲外侧受到阳光的照射，生长变慢，内侧的花瓣则迅速伸展，于是莲花就绽放了。中午，当莲花完全开放时，内侧的花瓣

植物奥秘一点通

完全被太阳光照射,它的生长又变慢了,于是背光处的外侧面就开始伸展,并包裹着内层,于是睡莲就慢慢闭合,进入了"睡眠状态"。

睡莲的花和莲叶的外表布满了蜡质,而且还有充满空气的小突起,可以阻挡污泥浊水的渗入。因此,当花芽和叶芽从污泥中抽出时,能够出污泥而不染。

睡莲的相关知识

睡莲又名子午莲、睡美人等。它花姿端庄,花色清丽,象征纯洁的心或纯真。古埃及把它视作神圣之花、太阳神的象征。印度、泰国等都把它作为国花。

小资料

考考你

1. 睡莲的晚上闭合是由于（　）的作用。
A 温度　B 水分　C 阳光
2. 阳光照着睡莲时,它的花瓣生长速度（　）。
A 不变　B 变慢　C 变快

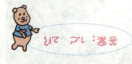

答案:1.C 2.A

61 雪莲为什么不怕寒冷的风雪?

青藏高原被称为"世界屋脊",山上终年覆盖着白雪,永远是个银装素裹的世界。在海拔 5000 米以上,只能见到一些生命力特别强的地衣。但在 7 月份,就可以看到正在怒放着的雪莲。

不同植物有着不同的生长季节和开花习惯。以腊梅为例,0℃是最适合它开花的温度,所以腊梅在冬天开放。但妖艳的莲花为什么能在冰天雪地里开呢?雪莲的植株很矮,紧贴着地面就可以顽强地躲过山上的狂风。它的根

十分发达,可以深深地扎进石缝间的土壤中,吸收更多的水分和养分。雪莲的身上还有一层白色的外衣,那厚厚的绒毛把雪莲从茎到叶都包裹起

植物奥秘一点通

来，既防寒又保湿。同时雪莲的体内含有许多糖分，所以即使气温下降到0℃以下，它也不会结冰。

雪莲是一种名贵的中草药，有除寒祛痰、壮阳补血、治疗脾虚的功效。

冬天都有哪些花会开放？

冬天开花的花卉很多，比如杜鹃、茶花、素心腊梅、三角花、一品红、君子兰、天堂鸟等。当然，如果你愿意，把烟花算上也可以哦！

小资料

考考你

1.青藏高原被称为（　　）。

A"世界的房顶"　　B"世界上最冷的地方"

C"世界屋脊"

2.雪莲（　　）结冰。

A 在0℃时会结冰　　B 在0℃以下会结冰

C 在0℃以下不会结冰

答案：1.C　2.C

62 为什么要在公园和房子周围种植花草？

在城市街道、公园和住宅区都种植着许多花草树木，还经常能看到"绿化环境"的标语，你知道种植花草树木的好处吗？

第一，花草可以美化环

境，让人赏心悦目；第二，花草通过光合作用，可以吸收空气中的二氧化碳，并释放氧气，能有效地净化空气；第三，花草还可以吸收空气中的灰尘，降低周围的噪声。

但是种植花草要有所选择，有些绿色植物中，含有对人体有毒的物质。所以在房子周围种植花草树木前，必须先确认它们对人体是否有害。

如果在室内养有太多的

123

花，晚上就需要把它们搬出去。因为这些花在白天会进行光合作用，增加空气中的氧气，但是晚上没有阳光时，它们就会和人一样，呼出二氧化碳，吸进氧气。这样，人们就会因缺氧而感到胸闷。

为什么要提倡植树造林?

每年的3月12日为我国的植树节，这是因为树木不但可以改善空气、消除噪音；还可以防治风沙、防止山体滑坡。所以，我们要提倡植树造林。

小资料

考考你

1. 花草通过吸收二氧化碳，释放（   ），有效地净化空气。

A 氮气   B 氧气   C 氢气

2. 如果室内种植很多花,晚上应该把花（   ）。

A 放在室内   B 放在室外   C 放在床头

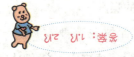

答案：1.B 2.B

63 为什么要定期清除杂草？

庄稼地里的杂草会和庄稼争养分、水分和阳光，有时也会阻塞土壤的空气流通。这些杂草一般生命力顽强，不怕旱涝，根挖断了还能再生。

杂草的繁殖能力非常惊人，它们依靠风力、流水、鸟兽、人为等方式，不断地传播种子。杂草危害庄稼造成的损失十分惊人，据估计，杂草每年造成的损失，几乎占农业总产量的10%左右。所以，田地要定期清除杂草。

此外，除了庄稼地外，花园、绿坪等地方也要定期清除杂草。因为

125

植物奥秘一点通

杂草的繁殖，会对其他花草植物的生长产生不利的影响，如侵占它们的生长面积、夺食它们所需的养分和水分、滋生一些病虫等。所以，我们经常可以看到，园艺工人在公园或街边草坪辛勤地除草。

农民在田间除草时，有些杂草易拔起有些却很难拔起来，为什么？

易拔起的草多是一年生杂草，且根系不发达，根在土壤中扎得浅，如狗尾草、苋菜等；而难拔起的多是些多年生杂草，根系发达，根深，如芦苇、白茅等。但部分一年生的杂草因根发达、须根多、粗也较难拔出土壤，如牛筋草。

1. 庄稼地里的草需要（　　）。
A 除去地面以上的部分　B 斩草除根
C 任其生长
2. 草的种子靠（　　）、流水、鸟兽、人为等方式传播。
A 风力　B 泥土　C 太阳

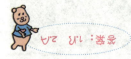
答案：1.B　2.A

64　你知道会跳舞的草吗？

在我国云南、广东、广西等省区的山地灌丛中，可以看到一种小灌木，当人们对它讲话或唱歌，它的小叶片会左右舞动，很有节奏，宛如听到你的声音翩翩起舞，因而人们称它为"舞草"。

舞草又名跳舞草、情人草、无风自动草、多情草、

风流草、求偶草等，属多年生木本植物，呈小灌木。它高达1.5米，复叶，有小叶3片，顶生小叶长圆形至披针形，侧生小叶很小，长圆形至长条形，一般长约2厘米。侧生小叶经常明显地转动，或上下摆动，或作360°的旋转运动，有时小叶同时向上合拢，

然后慢慢分开而平展；有时一片向上另一片向下移动，同一株的各小叶可以同时转动，有快有慢，有上有下，此起彼落，有如舞池上的舞伴翩翩起舞，节奏动人。

舞草的舞蹈现象在植物界是罕见的。它不像含羞草受机械刺激产生的感震运动，也不像捕蝇草的捕虫行动，而是很特别的运动。

跳舞草为什么会跳舞？

植物都是通过光合作用来制造营养物质供给自身生长的。白天跳舞草叶片为了获得更多的阳光，总是随着太阳和光线的移动而变换着它的朝向位置，这样它的叶片便跳起"舞"来了。

小资料

考考你

1.（　）又名跳舞草、情人草、无风自动草，属多年生木本植物，呈小灌木。

　　A 迷魂草　B 舞草　C 迷踪草

2.跳舞草总是随着（　）光线的移动而跳"舞"。

　　A 月亮　B 太阳　C 电光

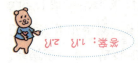
答案：1.B　2.B

65 蒲公英为什么是毛茸茸的？

蒲公英是一种随处可见的小草。它又名黄花苗、黄花地丁、婆婆丁等，是菊科多年生草本植物。

夏天，蒲公英开出许多黄色的小花，开花后，每朵小花都结出许多又轻又小的果实，果实的顶端还长着一簇绒绒的白毛。它们聚在一起，形成了一个毛茸茸的"果球"。一阵风吹过，小毛球四

处飞舞，看上去就像一群小降落伞一样。这时，蒲公英的果实就可以乘着风飘到很多的地方安家了。

很多人都认为飘在空中的是蒲公英的种子，其实那是它的果实。

植物奥秘一点通

蒲公英嫩苗含有多种营养物质，可以炒着吃，也可以做成凉菜。同时，它也是一种中药，不但是利尿的良药，还对消化不良和便秘有很好的效果；它的叶子可以改善湿疹、舒缓皮肤炎；花朵煎成汁可以去雀斑；根具有消炎作用，烘干后磨成粉，可以当咖啡的替代品。

蒲公英能通便吗？

蒲公英可以治疗便秘。取蒲公英干品或鲜品 60 ~ 90 克，加水煎至 100 ~ 200 毫升，鲜品煮 20 分钟，干品煮 30 分钟，每日 1 剂饮服。年龄小·服药困难者，可分次服用，也可加适量的白糖或蜂蜜以调味。

小资料

考考你

1. 蒲公英开花后，会结出许多又轻又小的（　　）。
A 果实　B 种子　C 降落伞
2. 蒲公英的果实上面有白毛，飘在空中像（　　）。
A 羽毛　B 降落伞　C 圆球

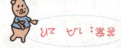
答案：1.B　2.A

66 为什么地衣的 生命力极强?

地衣的生命力极强,它是植物王国中最特殊的一类,是一种由真菌和藻类共生的植物。真菌的根状组织像锚一样紧扣地

面,为藻类吸收水分和矿物质;藻类则通过光合作用为真菌提供营养物质。两种植物共生在一起,互利互惠,彼此适应环境的能力特别强,是共生现象中最完美、最突出的组合。

地衣不但生命力强,它还是"大自然的拓荒者"。在漫长的岁月中,地衣依靠

131

自身分泌的地衣酸，使岩石破裂后分解为细微的土壤粒子，形成肥沃的土地。它不断地为其他植物创建生长条件、开辟生活环境，使那些苔藓植物和耐旱植物可以生长繁衍。

地衣一直是科学家很好的勘测资源。在寒冷的极地，科学家通过测量地衣的直径，来推算冰川退缩和稳定的时期。地衣对大气中的有害气体特别敏感，所以科学家还用它来测量环境中的大气质量。

苔藓是怎样繁殖的？

每年春天，苔藓的繁殖器官在茎的顶端形成。这些器官产生的精子和卵子在受精后产生一个受精卵细胞，这个细胞发育出一个长长的柄，并在顶端连着一个膨大的球囊。等发育成熟后，里面许许多多的孢子就会飞散出去，遇到合适的条件，孢子就会萌发并长成新的苔藓。

小资料

考考你

1. 地衣是一种真菌和（　）共生的植物。
A 苔藓类　B 藻类　C 蕨类
2. 科学家可以根据地衣测量（　）。
A 大气层高度　B 大气含氧量　C 大气质量

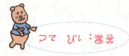

答案：1.B 2.C

67 黄连为什么特别苦？

俗话说"黄连连心苦"，"哑巴吃黄连，有苦说不出"。但黄连究竟有多苦呢？

我们来做一个小实验：将一小块黄连的根放在清水中，过一会儿就会发现清水变成了淡黄色，这是黄连素在作祟。黄连素是生物碱中的一种，黄连的苦就是它所引起的。黄檗、十大功劳等植物中也含有黄连素。由于黄连素易溶于水，所以在加工黄

133

植物奥秘一点通

连时一般不用水浸，而要把它烘干。

黄连素究竟苦到什么程度呢？有人做过实验，用 1 克黄连素兑上 25 万克的水，这样的溶液仍然是苦的。

虽然黄连很苦，但它却是很好的药材，人们患了肠炎、痢疾，或者上火时都离不开它。

黄连的生长习性

黄连是多年生草本植物，分布于四川、贵州、湖南、湖北及陕西。黄连喜阴，因此只能在山地林下或山谷阴面生长，它是国家三级保护濒危物种，其中峨眉黄连是国家二级保护物种。

小资料

考考你

黄连里含有（　），所以特别苦。

A 黄连酶　B 黄连素　C 黄连油

答案：B

68 为什么雨后才会
长出蘑菇来？

夏天，一阵大雨过后，草地上很快就会长出蘑菇来，大大小小，色彩斑斓。同时，有的朽木上也会长出蘑菇来。蘑菇摘掉后，过一两天又会重新长出来。

蘑菇是一种真菌植物，它的种子叫菌丝，一般都躲在地下或朽木

植物奥秘一点通

里，平时我们看不到。菌丝落在地上不一定马上生长发芽，而要吸收足够的水分和养分后，才会长出小蘑菇。菌丝生长时，上面长出一个个小球，小球长得非常快，不久就顶出地面，像一把小伞。

因为菌丝是吸饱水之后才迅速生长的，所以雨后的蘑菇长得又快又多。

小心，漂亮的蘑菇有毒！

菌类植物的样子千奇百怪，有的像小伞，有的像圆球，有的像神奇的笔。蘑菇就是其中的一种。有些蘑菇花花绿绿，颜色非常艳丽。但是，可别轻易用手去触摸它，这些漂亮的蘑菇可是有毒的噢！

小资料

考考你

1. 蘑菇的种子叫（　　）。
A 小蘑菇　B 蘑菇种子　C 菌丝
2. 菌丝（　　）后才能长成蘑菇。
A 被太阳照射　B 没有水分
C 吸收足够的水分和养分

答案：1.C　2.C

69 洋葱头是洋葱的根吗？

洋葱原产地在西亚。在欧美一些国家，洋葱被誉为"蔬菜皇后"。以种植洋葱闻名的国家有意大利、墨西哥、西班牙和美国。

我们所吃的洋葱头一般都是从地下挖出的，而地上一般还有6片长长的叶子，所以很多人都认为洋葱头是洋葱的根。其实这种认识是错误的，洋葱头是洋葱的鳞茎，而不是根。

医学研究证明，洋葱有较高的药用价值。它含有多种维生素和氨基酸，

所含的微量元素硒，可以降低癌症的发病率，是很好的保健食品。另外它还具有降血糖、预防感冒、利尿、祛痰、增进食欲、抑制细菌等作用。

认识一下洋葱家族的最小成员

与洋葱头相似的还有大蒜头，我们吃的大蒜头也是它的鳞茎部分。大蒜属于一年生草本石蒜科植物，是洋葱家庭最小的成员。大蒜里含有挥发油蒜素，它的杀菌能力是青霉素的100倍。

1. 洋葱的可食用部分生长在（　　）。
A 地上　B 地下　C 树上
2. 洋葱和大蒜（　　）一个家族的。
A 是　B 不是

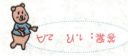

答案：1.B　2.A

70 春天的萝卜为什么会糠？

秋天，我们把萝卜种子播到土里，到冬天就会丰收。这时的萝卜，食用起来水灵灵的，但到了第二年春天，没有吃完的萝卜就会糠心，这是为什么呢？

这要从萝卜的生长过程来寻找原因。萝卜从秋天播种出苗后，根部就会大量吸收土壤里的养分，叶子不断地通过光合作用制造养分，到了冬天，它的根部就长成肥大的萝卜了。

第二年春天，萝卜开始将养分用来抽苔、开花，根部的水分被大量消耗掉，这时肉质紧密的萝卜就会变得疏松，像棉絮一样，所以萝

植物奥秘一点通

卜必须在春天以前采收。

在萝卜贮藏时，遇到高温干燥的环境，也会引起糠心。另外萝卜空心与品种也有关系。防止萝卜空心，在栽培上要控制水肥的同时，贮藏时还要尽量避免外界环境污染的影响。

另外，萝卜在贮存过程中，如果供氧不足，还会出现黑心现象。

生吃萝卜为什么很辣？

生萝卜含有芥子油，芥子油具有辛辣味，但它遇到高温就会发生变化。芥子油具有淀粉、脂肪等成分，能为人体所吸收和利用；它能促进胃肠蠕动、增强食欲、帮助消化。

1. 萝卜应该在（　　）采收。

A 夏天　B 秋天　C 冬天

2. 萝卜出现黑心现象是因为在贮存过程中（　　）。

A 碰伤了　B 没有见光　C 供氧不足

答案：1.C 2.C

71 为什么会藕断丝连？

"藕断丝连"这个成语，比喻两个人表面上断绝了关系，其实还有联系。

藕是荷花的茎，它在缺少空气的淤泥里也需要呼吸，所以它的身子里长有许多圆孔，连着空心的长叶柄，一直通到挺立在水面上的荷叶。这样，从叶子吸进来的空气，就能顺畅地通到藕体内了。

藕丝是藕的运输组织

植物奥秘一点通

细胞，我们所看见的藕丝是由几根细丝组成的，它们的样子就像弹簧，螺旋状地盘在一起。这些运输组织是空心管，担负着将植物生长时所需的水分和营养成分输送到植物全身的重任。构成这种空心管的细胞一般呈垂直和圆形排列，而藕的空心管细胞排列却像旋转的楼梯。当我们把藕折断以后，由于它的导管并没有被切断，所以看起来就像有许多细丝连着。

莲藕也分不同的种类

我们常见的莲藕有塘藕与田藕之分。塘藕也叫池藕，因种在池塘中，质地白嫩汁多，品质较好，身长，有9个孔，孔小，上市时间稍晚；田藕的品质不如池藕，身短，孔多，有11个孔，上市时间早。

莲藕的各部分有不同的加工食用方式，如藕尖部分较薄，可以拌着吃；中间的部分适合炒着吃，较老的一般加工制成甜食或炸着吃。

小资料

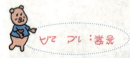

考考你

1.藕的运输组织细胞是（　）。
A 藕纤维　B 藕线　C 藕丝
2.藕丝由几根细丝组成，（　）地盘在一起。
A 螺旋状　B 管状　C 线状

答案：1.C　2.A

72 为什么说胡萝卜营养价值特别高?

　　有的小朋友不喜欢吃胡萝卜,可是他们不知道胡萝卜的营养特别丰富。

　　胡萝卜的主要营养有胡萝卜素、糖、淀粉和维生素。胡萝卜的颜色越红,证明胡萝卜素含量越多。胡萝卜素在人体内经过消化变成维生素 A,它能促进人体发育、骨骼生长和脂肪分解等,是人体重要的营养物质。

　　胡萝卜素还有一个特点,就是不溶于水,高温对它的影响很小,不像蔬菜中的维生素 C,经过炒、煮、蒸、晒后就会被

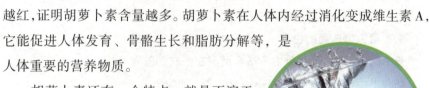

植物奥秘一点通

破坏。所以比起被炒熟的蔬菜，胡萝卜的营养价值就高得多了。而且，煮熟后的胡萝卜素更利于人体的吸收。但是，胡萝卜素和酒精一同进入人体中会在肝脏中产生毒素，引起肝病，所以，吃胡萝卜时不能喝酒。

胡萝卜名称的由来

13世纪，胡萝卜从小·亚细亚传入我国，由于它的根很像普通的白萝卜，因此，人们都叫它"胡萝卜"。胡萝卜和白萝卜不适合调配在一起，因为胡萝卜中含有会破坏白萝卜中维生素C的物质。

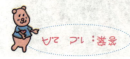

1.胡萝卜中的（　）经过人体吸收后变成维生素A，对人体非常有益。

A 胡萝卜菌　B 胡萝卜酶　C 胡萝卜素

2.胡萝卜素和（　）一同进入人体中会在肝脏中产生毒素。

A 酒精　B 海鲜　C 醋

答案：1.C 2.A

73 为什么玉米会长"胡子"?

玉米又称玉蜀黍，属于禾本科植物，为一年生草本植物，原产于热带地区。

玉米是粗粮中的保健品，德国营养保健协会的一项研究表明，玉米是所有主食中营养价值最高的食

品。玉米含有丰富的钙、脂肪、胡萝卜素和维生素 C 等物质，可以防止高血压、冠心病，减轻动脉硬化，还可以延缓衰老。

玉米的花分为雄性花和雌性花。雄性花生长于顶端的圆锥花序，雌性花为腋生，生长在许多苞片内。当上面雄花的花粉落到下面的雌花上面，就能长出玉米了。雌花生长在叶片

中间，被许多片叶状苞片或鞘所包围，花柱长，形状像红线一样，也就是我们所见到的"胡子"。因此，我们看到的玉米"胡子"其实是玉米的雌性花。

玉米的故乡在哪里？

玉米的原产地是美洲，墨西哥是玉米的原产地和品种多样性的集中地。史书记载约 5000 年前，玉米是印加人、玛雅人和阿芝苔克人的主要食物。玉米在 16 世纪传入我国，到了明朝末年，玉米的种植已达十余省。

小资料

考考你

1. 玉米的胡子是它的（　　）。
A 雄性花　B 雌性花　C 花柱
2.（　　）是所有主食中营养价值最高的食品。
A 大豆　B 花生　C 玉米

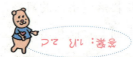

答案：1.B 2.C

74 水稻为什么长在水里?

水稻属于禾本科稻属，是一年生栽培谷物，它是我国重要的粮食作物，栽培历史已有7000年。世界上的栽培稻有亚洲栽培稻和非洲栽培稻两种，其中亚洲栽培稻种植面积大，遍布全球各稻区，所以称之为普通栽培稻。大量事实证明，我国南方是普通栽培稻的起源中心

之一，我国水稻的播种面积仅占全国粮食作物播种面积的1/4，而产量则占到一半以上。

水稻一般都生长在水里，因为它每天都需要喝大量的水来满足生长的需要。一方面，水稻的根和其他农作物的根不一样，它能把从水中吸收来的氧气输送到

147

根部；另一方面，水稻不喜欢一天内温度变化太大，在水中也能满足它的这个生长条件。除了水分，光照也是水稻生长的一个重要条件。我国南方光照充足，水源丰富，为水稻的生长创造了良好条件。

享誉世界的杂交水稻

1960年，我国发生了罕见的粮食饥荒，袁隆平开始研制杂交水稻。几年后，这个世界性的难题，被这名来自湖南的农村教师攻破，他成了举世瞩目的"杂交水稻之父"。

小资料

148

考考你

1. 水稻的根长在（　），和其他农作物不一样。
A 水里　B 土壤　C 岩石
2. 我国水稻的播种面积占全国粮食作物播种面积的（　）。
A 1/2　B 1/4　C 1/6

答案：1.A　2.B

75 大豆为什么被称为 "豆中之王"？

大豆属于蝶形花科，大豆属，别名黄豆。大豆按其播种季节的不同，可分为春大豆、夏大豆、秋大豆和冬大豆四类，但以春大豆占多数。

大豆被称为"豆中之王"是因

为它拥有极高的经济价值。第一，大豆是中国四大油料作物之一，是食用植物油的重要原料；第二，大豆为人类提供了丰富的蛋白质；第三，大豆的茎、叶、荚壳还可以用来当饲料；第四，大豆的根部具有肥田的功效。

同时，大豆含蛋白质40%左右，在量

植物奥秘一点通

和质上均可与动物蛋白媲美，所以大豆有"植物肉"及"绿色乳牛"之誉。大豆蛋白质中所含必需氨基酸较全，可以与谷类所含的氨基酸相互补充。另外，大豆富含脂肪、钙和磷等矿物质，为人体提供丰富的营养物质。大豆浑身上下都是宝，所以我们说它是"豆中之王"。

大豆历史悠久，可别小瞧哦！

我们通常用"四体不勤，五谷不分"来形容一个人好吃懒做，"五谷"一般是指：稻、黍、稷、麦、豆。其中大豆在我国已有近5000年的种植历史了，它在古代时称为"菽"，秦汉时改为"豆"。世界公认大豆的原产地是中国。

小资料

考考你

1.（　）是食用植物油的重要原料。
A 大豆　B 芝麻　C 棉花
2.大豆为人类提供了丰富的（　）。
A 脂肪　B 维生素　C 蛋白质

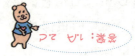

答案：1.A　2.C

76 "五谷杂粮"中的 "五谷"指什么?

五谷杂粮是中国人的主食，是生命的原动力。《黄帝内经》中说，饮食调养应以"五谷为养，五菜为充"。"五谷为养"强调了人们日常所必需的能量和蛋白质，主要由五谷杂粮供给。

五谷杂粮中的五谷通常有两种说法：一种是稻、黍、稷、麦、菽，另一种是黍、稷、麻、麦、菽。

稻、黍、稷、麦、菽、麻是中国传统作物，这六种作物中只有麻不是粮食作物。其中麻是大麻、亚麻、苎麻、黄麻、剑麻等植物的统称，是纺织工业的重要原料，稻是大米，黍是黄米，稷是谷子，菽是大豆，

植物奥秘一点通

麦是小麦。

　　杂粮是指高粱、玉米、红薯、芋头等。现在通常说的五谷杂粮，是指稻谷、麦子、高粱、大豆、玉米，而习惯地将米和面粉以外的粮食称作杂粮，所以五谷杂粮也泛指粮食作物。

认识一下中国最早的一部医典

　　公认中国最早的一部医典是《黄帝内经》，因传说为黄帝所作，故命名。《黄帝内经》流传至今，全书分为"素问""灵枢"两部分，对后世的医学发展有很大的影响。而众所周知的《本草纲目》则为明代李时珍所作。

小资料

考考你

1. 五谷杂粮里（　　）不是粮食作物。

A 黍　B 菽　C 麻

2. 五谷杂粮里的"菽"是指（　　）。

A 花生　B 大豆　C 小米

答案：1.C　2.B

77 树为什么能包塔？

在我国芒市的一所学校里，一棵高大、苍老的大榕树，包裹着一座砖石结构的佛塔，人们称为"树包塔"。为什么树能包住一个塔呢？世上真有这么奇异的事情吗？

由于芒市以亚热带森林气候为主，土地肥沃，树木枝繁叶茂。

传说这里原是姐列的傣族寨子，人们在这里修建了一座砖石结构的佛塔，名叫光姆姐列，意为铁塔之城。后来，在塔顶长出了一棵榕树，由于当

地的气候湿润多雨，很适宜榕树生长，这棵榕树就越长越高。当它的根遇到砖石扎不进去时，就顽强地顺着塔向下生长。随着榕树不断长

153

植物奥秘一点通

大，它的根终于能紧贴着佛塔扎进佛塔下边的泥土里，这棵榕树吸收了更多的营养后，根须越来越粗壮，好像一条条粗壮的胳膊把佛塔抱在怀里，"树包塔"的奇观就这样形成了。

关于榕树的一点小知识

　　榕树是桑科榕属植物的总称，是热带植物区系中最大的木本树种之一。全世界已知有800多种，主要分布在热带地区，尤以热带雨林最为集中。我国榕树属植物约100种，其中云南分布67种，西双版纳有44种，占中国已知榕树总数的44.9%，占全世界的5.5%。

小资料

考考你

1. 树包塔是在我国的（　　）。
A 普陀　　B 芒市　　C 西双版纳
2. 树包塔是在（　　）地方出现的。
A 温带　　B 热带　　C 亚热带

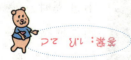

答案：1.乃 2.乙

78 糖槭树能产糖吗？

在加拿大东南部各省，漫山遍野都是糖槭树，最让人奇怪的是，糖槭树的树干中含有大量的糖汁。当地的人们喜欢将糖汁加工成清新可口的"槭糖"，因此他们将糖槭树称为"糖树"。糖槭主要产在加拿大和美国，是一种高大落叶乔木类树种，树高达 40 米，树龄达四五百年。槭树的树干中还含有大量淀粉，在寒冷的冬天就会变成蔗糖，当第二年春季天气变暖，等蔗糖变成能够流动的树液时，就可以收集了。人们在树干上钻些孔洞，树液就能从孔洞中源源流出。糖槭树制成的枫糖营养价值很高，糖槭的树液中一般含糖 0.5% ~ 70%，有的高达 100%。由于能

够多年收益，而且产量稳定，所以糖槭树被誉为"铁杆甘蔗"。

据专家分析，糖槭树中约含蔗糖85%，其他成分为葡萄糖和果糖等，糖槭树液浓缩的糖浆营养价值可以与蜜糖媲美，具有润肺、开胃的功效。糖槭浆还是食品加工的珍贵原料，常用于制作糕点和冷饮，也可以加工成各种软糖和硬糖。加拿大是世界上产槭糖最著名的国家，加拿大人把糖槭树视为国宝，在国旗、国徽上都绘有糖槭树的叶子。

加拿大的国鸟是什么？

加拿大的国鸟是白头雕。别看这鸟不大，但是在加拿大分布广泛，几乎每个省都有它们的足迹。正因为如此，它个儿虽不大，却登上了加拿大的国家钱币，一元硬币的背面就是它的倩影。

小资料

考考你

1. 加拿大的国旗和国徽上绘制的是（　　）的叶子。

A 糖槭树　B 松树　C 枫树

2. 糖槭树中含（　　）最多。

A 果糖　B 蔗糖　C 葡萄糖

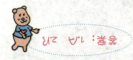

答案：1.A　2.B

79　为什么哈密瓜特别甜？

吃过哈密瓜的人都知道，哈密瓜特别甜，这是为什么呢？

原来这与哈密瓜的产地有很大的关系。哈密瓜产在我国新疆吐鲁番盆地一带，那里夏天气温经常在 40℃以上，太阳刚刚升起，地面就热起来了，到了中午地面把空气烤得很热，一到晚上，气温又很快下

降。由于那里早晚温差大，又很少下雨，很适合哈密瓜的生长。白天阳光强烈，哈密瓜的叶子就加紧制造养分，并把这些养分转化成糖分，送

到瓜里存起来。晚上气温降低，哈密瓜休息了，呼吸很慢，养分消耗少了，所以哈密瓜就长得又大又甜。同样的道理，吐鲁番的其他水果，如耐旱葡萄、哈密杏等，也

157

是很甜的。

现代医学研究发现，哈密瓜等甜瓜类的蒂含苦毒素，能刺激胃壁的黏膜引起呕吐，适量的内服可急救食物中毒，而不会被胃肠吸收，是一种很好的催吐剂。哈密瓜香甜可口，果肉细腻，而且果肉越靠近种子处，甜度越高，越靠近果皮越硬，因此皮最好削厚一点，吃起来更美味。

吐鲁番的葡萄熟了！

新疆是一个瓜果之乡，而吐鲁番的葡萄更是享誉中外。吐鲁番的葡萄有几百种，其中无核葡萄的含糖量可高达 22%～24%。现在的无核白葡萄就有 20 多个品种，酿造用葡萄的品种有 40 多个。吐鲁番的葡萄色泽光亮，粒大味美，香甜润喉。

小资料

考考你

1.哈密瓜产在我国的（　）一带。
A 陕西　B 新疆　C 甘肃

2.白天阳光强烈，哈密瓜的叶子就加紧制造养分，并把这些养分转化成（　），送到瓜里存起来。
A 养料　B 水分　C 糖分

答案：1.B　2.C

80 为什么不见竹子年年开花？

竹子与水稻、小麦一样，属于禾本科植物。全世界竹类植物约有 70 多属 1200 多种，对水热条件要求高，主要分布在热带及亚热带地区，少数竹类分布在温带和寒带。作为禾本科植物，稻、麦等作物开花各有

其时，但竹子开花并不常见，这是什么原因呢？

原来，有花植物是有生活周期的。从种子开始，经萌芽、生根、生长、开花、结实，最后产生种子，这叫完成一个生活周期。有的植物在一年或不到一年的时间里，完成一个生活周期，植株随之死亡，这类植物属于一年生植物；有的植物在两年或跨两年的时间里，完成一个生活周期，植株随之死亡，这类植物属于二年生植物；有的植物要经过几年生长以后，才开始开花结

植物奥秘一点通

实，但植株却能活多年，这类植物属于多年生植物。竹子虽能生活多年，但不像常见的多年生植物那样在一生中可多次开花结实，而是只开花结实一次，结实后植株就死亡，属于多年生一次开花植物。因此，我们就不容易见到竹子开花了。

奇怪，竹子也分公母！

竹子也分公母，母竹产笋，公竹则不产笋。每根竹子的某一层竹节上都由最初的一根竹枝生出，竹枝若分出岔，便是母竹；如果不分岔，则为公竹。

小资料

160

考考你

1. 竹子与稻、麦等是近亲，同属于（　）科植物。
　　A 木本　　B 草本　　C 禾本
2. 竹子一生开（　）次花。
　　A 多　　　B 一　　　C 二

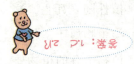

答案：1. C 2. B

81 大王花真的能吃人吗？

大王花是一种肉质寄生草本植物，产自东南亚地区的马来西亚、印度尼西亚的爪哇、苏门答腊等热带雨林中。它的花径能够达到 0.9 米，最高纪录可达 1.4 米。是世界上最大的一种花，被誉为"世界花王"。

大王花并非真的是"食人花"，而是靠吸取宿主的营养而生存。大王花一生只开一朵花，花期只有 4 天。花苞绽放初期具有香味，之后就会散发具有刺激性的腐臭气味，因此也被称为"腐尸花"。花粉散发出来的恶臭会招来苍蝇等腐食动物为其授粉。松鼠对花粉也很感兴趣，常常从一个花药舔到另一个花药。

161

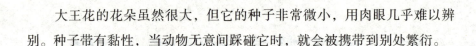

大王花的花朵虽然很大，但它的种子非常微小，用肉眼几乎难以辨别。种子带有黏性，当动物无意间踩碰它时，就会被携带到别处繁衍。

大王花已是濒危植物

受人类采伐木材、开拓种植园等活动的影响，东南亚的大片雨林正在急剧减少。环境的破坏导致大王花越来越少。加上当地传说大王花有药用价值，大王花被当地人滥采，如今大王花已处于濒临灭绝的严重危险之中。

 考考你

1. 大王花是一种肉质寄生（　）。
A 木本植物　B 草本植物　C 裸子植物
2. 大王花靠（　）而生存。
A 捕获人或大型动物　B 吸取宿主的营养
C 捕获苍蝇或者松鼠等小动物

答案：1.A 2.B

82 为什么把红松称为 "北国宝树" ?

红松又叫果松、海松，一般生长在我国东北山区的东部。它是典型的温带湿润气候条件下的树种，对温度的适应幅度较大。红松的耐寒力强，在小兴安岭林区冬季低温下无冻害现象。红松喜湿润、土层深

厚、肥沃、排水和通气良好的微酸性土壤。

红松生性耐寒喜光，幼年时期耐阴。属浅根性树种，主根不发达，

侧根水平扩展十分发达。红松幼时需一定程度的庇荫，长大后逐渐喜光，才能较快生长，而且在一定时期内能维持较大的生长量。

红松树干高大，树高 30 余米，胸径 1 米左右。大枝平展，针

163

植物奥秘一点通

叶常绿而繁茂，树冠呈塔形，树皮灰褐红色，与其他树木相比，更显得挺拔雄壮。红松属于中性树种，成林后能保持水土，改善生态环境，调节气候，而且红松全身都对人类社会有着广泛的用途。因此，在树木的大千世界中，被誉为"北国宝树"。

红松木材不仅质地轻软、易加工、耐腐蚀性强，而且制出的成品光泽美观、工艺价值高，建筑、交通、矿山等各行各业都离不开它，因此红松深得人们的欢迎。

红松的故乡在哪里？

五营区位于伊春市北部，小兴安岭南坡腹地，汤旺河中上游，属低山丘陵地，素有"红松故乡"、"小兴安岭上的明珠"之称。五营区树种资源十分丰富，其中珍贵树种主要有红松、落叶松、云杉、冷杉等。

考考你

1. 被称为"北国宝树"的是（ ）。
A 金钱松　B 长白松　C 红松
2. 红松又叫（ ）。
A 松树　B 果松　C 长白松

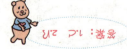

答案：1. C　2. B

83 为什么水果不都是甜的？

我们吃的各种水果有不同的味道。比如，苹果是甜的，橘子是酸的，这是因为它们身体里所含的成分不同。甜味的水果，里面大都含有糖，包括葡萄糖、麦芽糖、果糖、蔗糖等，尤其是甘蔗，含糖

最多，所以吃起来甜滋滋的。也有的本身不甜，可是吃到嘴里，唾液会帮助它产生甜味，所以让人觉得也是甜的。

植物奥秘一点通

有酸味的水果，含酸的东西多，像苹果酸、柠檬酸、酒石酸等。柿子刚熟的时候，咬一口，涩得让人张不开口，那是因为里面含有叫"单宁"的东西太多了。总之，由于水果中含的成分不一样，就使水果不都是甜的了。

刚刷完牙就吃水果，为什么有苦味？

牙膏是碱性物质，如果刷完牙就吃酸性的食物，如水果等，就会觉得有一点苦味。那是因为酸和碱发生了中和反应，产生了盐和水，盐的味道有一点苦。解决的办法就是刷完牙后不要立刻吃东西，过半小时再吃。

1. 橘子吃起来是酸的，是因为它含有（　　）。
A 苹果酸　　B 果糖　　C 葡萄糖
2. 柿子吃起来是涩的，是因为它含有（　　）。
A 葡萄糖　　B 苹果酸　　C 单宁

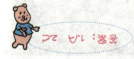

答案：1.A 2.C

84 为什么我国的一些植物被叫做活化石?

化石就是古代动植物死了以后已经石化被保存下来的遗体。那么,什么是活化石呢? 有的植物已经成了化石, 找不到这种植物的后代了, 可是, 有个别种类的植物很不容易地生存下来了, 我们就把这些植物叫做活化石, 我国就有几种世界上的珍贵植物。

水杉树在世界上其他地方早已灭绝, 只在我国的四川、湖北一带生长, 它就是一种活化石。水杉是落叶乔木,它姿态秀丽,古雅壮观, 现在, 我国南北各地已经普遍引种水杉。

167

白果树又名银杏树，古又称鸭脚树或公孙树。远在2.7亿多年前，银杏的祖先就开始出现了。后来，绝大部分银杏像恐龙一样灭绝了，只在我国部分地区保存下来了一点点，流传到现在，成为稀世之宝。

另外，银杉、水杉、台湾杉、金钱松等也是我国有名的活化石植物。

我国最著名的动物活化石是什么？

迄今为止，大熊猫在全世界200多个国家和地区几乎濒临绝迹，只有在我国的四川、陕西、甘肃部分地区的深山老林中才能找到它们的身影。目前全世界的大熊猫总数仅有不足1000只，而且数量还在不断减少。

1. 古代动植物死亡以后被保存下来的遗体是（　　）。
A 石头　B 化石　C 活化石
2. 不属于我国活化石植物的是（　　）。
A 金钱松　B 红松　C 银杏

答案：1.B 2.B

85 为什么植物有的长得高，有的长得矮？

树木的形态多种多样，有仅10厘米高的卧地松，有攀附它物生长的蔓生树木，也有高达数十米的参天大树，它们生长在地球上的各个角落。但同样的植物长得却不一样，有的高，有的矮，这是为什么呢？

原来，这跟它们生长的环境、生活条件有关系。树木少的地方，它就长得矮。因为它能得到很充分的阳光，树枝可以尽力向周围伸展，它不需要尽力向上长。而森林里的树拥挤在一起，为了得到充足的阳光，树枝就不能向周围伸展，只有努力向上生长，这样一来，树都长得很高。

山地和平地的树高矮

169

也不一样，山上风大，树就要长得矮一点，可以不被大风吹断。著名的黄山松，它长得就矮，好像在欢迎中外游客，大家给它取名"迎客松"。相反，平地上的树，由于有充足的水分和阳光，在生长过程中不需要接受大风的考验，就长得细高些。

树干最矮的树是什么?

在植物界中最矮的一种树叫矮柳，生长在高山冻土带，高不过5厘米。如果拿世界上最高的杏仁桉的高度与矮柳相比，一高一矮相差1500倍! 另外，生长在北极圈高山上的矮北极桦也很矮，高度还不及那里的蘑菇。

小资料

考考你

1. 生长在高山和平原上的树木相比，( )。
A 平原上的高　　B 高山上的高
C 一样高
2. 迎客松属于( )。
A 长白松　　B 红松　　C 黄山松

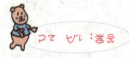

答案: 1.A 2.C

86 叶片为什么会吐水？

　　叶片的"吐水现象"很常见，在清晨的草地上，常常可以看到叶片的边缘上悬挂着一颗颗晶莹的水珠。这不是露水，而是叶子"吐"出来的水。

　　为什么植物会吐水呢？当天气很热的时候，空气如果很湿润，植物发达的根仍然在大量吸水，可是夜晚气温下降的时候，叶片上的气孔也关闭了，水分就不能大量地从叶片上的小孔里蒸发出去了。这样一来，植物"喝"进来的水越聚越多，超过了它的需要。于是，过多的水分就从叶尖或叶子的边缘那里分泌出去，

171

植物奥秘一点通

形成水珠，也就是我们看到的"吐水现象"。

农民常常把庄稼吐水量的多少，作为衡量庄稼壮苗或弱苗的标准，为什么吐水量大就是壮苗，反之就是弱苗呢？原来，根系越发达，吸水量就越大，只有根系发达，植物才能苗壮成长。

为什么叶子会出汗？

植物以水和二氧化碳制造碳水化合物，但是植物吸收的水分真正用于光合作用的量却非常少。一株玉米从苗到果实成熟，用于构成植物体的水分和维护生理过程的水分，只占植物吸收水分总数的1%，而其他99%的水分都像出汗似的被蒸发掉了。

小资料

考考你

1. 清晨，在路两旁的草地上，常常可以看到叶片的边缘上悬挂着一颗颗晶莹欲滴的水珠，这是（　）。

A 雨水　　B 露水　　C 植物吐出的水

2. 农民常常把庄稼（　）的多少作为衡量庄稼壮苗或弱苗的标准。

A 二氧化碳含量　　B 吐水量　　C 吸水量

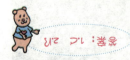

答案：1.C　2.B

87　有些植物为什么不怕有害的烟气？

现代工业在给我们带来好处的同时，也带来了越来越严重的污染，很多植物由于无法忍受化工、冶炼等工厂排放的有害气体，最后都死掉了。而有些植物在严重污染的工厂里却依然生机盎然，郁郁葱葱，比较典型的是美丽

的夹竹桃。夹竹桃在离二氧化硫污染源仅 30 米的地方，仍能健康生长，花红叶绿，把厂区点缀得更加美丽。

这些植物为什么不怕污染呢？难道它们有什么特异功能？

它们的确有些与众不同的功能，这些植物的共同特点，就是在代

植物奥秘一点通

谢过程中能够很快地吸收和转化有毒物质，不至于让有害物质在身体里积累。它们的叶片很厚实，硬硬的，上面仿佛还打上了一层蜡，很光滑，有了这样的"外衣"，那些有害烟气就无法浸入叶子内部。此外，在叶面下还有一层果胶层，也能防止有害气体的潜入。

除了夹竹桃，还有什么植物不怕二氧化硫？

除了夹竹桃，茶花、仙客来、紫罗兰、晚香玉、凤仙花、石竹、唐菖蒲等，都可通过叶片将毒性很强的二氧化硫，经过氧化作用转化为无毒或低毒性的硫酸盐等物质。

 小资料

 考考你

1. 夹竹桃不怕（　　）。
A 硫酸　　B 二氧化硫　　C 二氧化碳
2. 在叶面下还有一层（　　），它也能防止有害气体的潜入。
A 果层　　B 蜡层　　C 果胶层

答案：1.B　2.C

88 植物有血型吗?

人的血型分为 A 型、B 型、AB 型和 O 型。动物也有血型，除了哺乳动物外，两栖类、鸟类、软体动物等也有血型。那么，植物有血型吗?

植物的血型首先是被日本的法医山本发现的。在一次偶然的案件中，山本发现荞麦皮的"血型"是 AB 型的，他就扩大研究范围，共对 500 多种植物的果实和种子进行了研究，从而发现植物也是有血型的。苹果、草莓、南瓜、萝卜、山茶、辛夷、山槭等 60 种植物的血型是 O 型；珊瑚树、罗汉松等 24 种植物的血型是 B 型；荞麦、

植物奥秘一点通

金银花、李子、单叶枫等是 AB 型；只是尚未找到 A 型血的植物。

植物本无血液，何以有血型之分呢？根据现代分子生物学的基础理论可知，所谓人类的血型，是指血液中红血球细胞膜表面分子结构的类型。而植物体内相应存在着汁液，这种汁液细胞膜表面同样具有不同分子结构的类型，这也就是植物也有血型的奥秘所在。

世界上哪类血型的人最多？

就全世界范围来说，O 型血的人最多，约占总人口 46%。不过，黄色人种为 O 型血的比例最小，日本只占 30.1%，中国为 34.4%；白色人种的英国则占 47.9%；西非的黑色人种高达 52.3%，澳大利亚东部的棕色人种最高，为 58.6%。

小资料

考考你

1. 目前尚未找到（   ）的植物。
A A 型血   B B 型血   C AB 型血
2. 苹果的血型是（   ）。
A AB 型血   B O 型血   C B 型血

答案：1.A 2.B

89　为什么摘下来的蔬菜会变蔫?

爷爷从市场买来的油菜、青菜鲜嫩嫩的，惹人喜爱，可是，放了两天，菜都变蔫了，有的叶子还变黄了，这是为什么呢?

爷爷买的菜是卖菜的叔叔刚从地里摘下来的，长在地里的蔬菜，能不断地从根部吸收水分和养料，所以非常新鲜。蔬菜摘下来以后，菜里面的细胞不会死掉，它们还要消耗蔬菜本身储存的水分和养料，时间一长，水分和养料消耗多了，菜就蔫了。

蔫了的菜不仅失去了水分，还会失去很多营养物质，影响食用。因此，必须要将蔬菜保鲜才行。现在最常用的方法就是将刚买的蔬菜择好，放进冰箱里，这样就可以避免蔬菜变蔫了。

不过现在交通发达了，菜可以很快运到城里，人们现买现吃，蔬菜就会很新鲜。

177

植物奥秘一点通

没有冰箱怎样才能使蔬菜保鲜？

买的时候，尽量买完整的，一丁点儿瑕疵也不要有，这样的蔬菜可以放得久一点。但建议蔬菜还是趁新鲜吃的好，如果因为忙而没办法天天买菜的话，那干脆不要自己做了，外面菜馆的菜可能要比你自己留很多天的蔬菜有营养。

1. 蔬菜是靠（ ）从土壤里吸收营养的。

A 根　　B 茎　　C 叶子

2. 蔬菜从地里采摘回来以后（ ）并没有死。

A 根　　B 细胞　　C 叶子

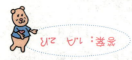

答案：1.A　2.B

90 世界上哪三种植物遭受着最严重的威胁？

世界上有三种濒临危境的植物，它们是大叶棕榈、奇亚帕斯拖鞋兰和绿猪笼草。

大叶棕榈是一种高达 15 米以上叶子阔大的棕榈科植物。人们只在非洲马达加斯加东北部一个狭小的沼泽地带见过它的身影，总共不过 50 棵。因为它的叶尖可以吃，所以常被人们摘下来吃掉；而它的果实备受狐猴喜爱，还没有长熟就被狐猴差不多吃光了，所以它的繁殖受到了严重影响。

奇亚帕斯拖鞋兰是一种非常珍贵、漂亮的兰科植物。它生长在树干上，受到人们过度采集的威胁，这种植物只生活在墨西哥的奇亚帕斯州，为数已经不多。

179

植物奥秘一点通

绿猪笼草，是猪笼草科食虫植物，叶子像瓶子，里面有黏液，昆虫在吸蜜时极易滑进瓶内，那就再也爬不出来了。黏液中的消化酶可以分解昆虫尸体，使猪笼草吸取。目前由于过分采集和城市扩建道路、开矿等，导致绿猪笼草的生活环境被破坏，已陷入濒临灭绝的状态。

你知道目前世界上的 12 种濒危动物吗?

目前，被国际自然保护联盟列为"世界上 12 种最濒危动物"的是：北部白犀牛、白鳍豚、苏门答腊虎、斯比克斯鹦鹉、奥里诺科鳄鱼、僧海豹、微型猪、小嘴狐猴、兰坎皮海龟、奥瑞纳克鳄鱼、泰国猪鼻蝙蝠、夏威夷蜗牛。

1. 人们只在非洲马达加斯加见过它的身影的是（　　）。

A 大叶棕榈　　B 奇亚帕斯拖鞋兰　　　C 猪笼草

2. 只生活在墨西哥的奇亚帕斯州的是（　　）。

A 大叶棕榈　　B 奇亚帕斯拖鞋兰　　　C 猪笼草

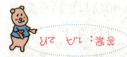

答案：1.A　2.B

91 "勿忘我"的名字是怎么来的？

勿忘草原产于欧洲，分布于我国东北、河北、甘肃、新疆、云南各省。其貌不扬，但名闻欧亚，俗称"勿忘我"或"毋忘我"。

相传，很久以前有一对热恋中的情侣依海而坐，沉醉在海誓山盟的甜言蜜语之中。忽然，一个巨浪

袭来，正击中男青年，他慌忙将手中的一棵野草掷向女友，狂叫一声："不要忘记我！"就被波涛淹没了。从此，这种无名小草就取名"勿忘我"，作为忠贞于爱情的信物。

勿忘我属紫草科，是多年生直立草本植物，高 16～30 厘米，

初夏开花，排列成细长稀疏的总状花序，花冠黄色，结小型坚果，卵果形。勿忘我是优良的春季花坛材料，与黄色、白色的春花配置，效果尤佳。勿忘我经常作为春季球根花坛陪衬材料，栽植在庭园花径、花园、公园树坛边缘。

勿忘我花的意义是什么？

勿忘我象征浓情厚意。它花姿不凋，花色不褪，寓意"永恒的爱"，是爱情的信物。情侣们常将勿忘我扎成束，赠给自己的爱人表达深深的爱意。

考考你

1. 勿忘草原产于（ ）。
A 非洲　B 欧洲　C 亚洲
2. 作为忠贞于爱情的信物的是（ ）。
A 兰花　B 勿忘我　C 玫瑰

答案：1.B　2.B

92　为什么要常吃些大蒜？

　　大蒜原产于亚洲西部，我国栽培的大蒜，是张骞经"丝绸之路"引进的，距今已有2000多年的历史了。它含有大量对人体有益的蛋白质、氨基酸、维生素、脂肪、微量元素及硫化物等，被誉为"天然广谱杀菌素"。如果我们在烧鱼的时候放两瓣大蒜能除腥，在酱油中放上一点大蒜可以防霉，青翠的蒜苔更是人们爱吃的蔬菜。

植物奥秘一点通

大蒜除了做蔬菜以外，还能消灭各种病菌。大蒜为什么会有防腐、杀菌的本领呢？原来在大蒜中含有一种植物抑菌剂——大蒜素，它的杀菌能力几乎是青霉素的100倍，极少的一点大蒜素就能杀灭葡萄球菌、链球菌、伤寒、痢疾杆菌等细菌。

可是有人会嫌弃大蒜的"蒜臭"味，其实，这种"臭"是从含有大蒜素的挥发油里散发出来的，只要嚼几片茶叶或者吃几个大枣，这种"臭"味就可以很快解掉。

发芽的大蒜能吃吗？

大蒜收获以后，休眠期一般为2～3个月。休眠期过后，在适宜的气温下，大蒜便会迅速发芽、长叶，消耗茎中的营养物质，导致鳞茎萎缩、干瘪，食用价值大大降低，甚至腐烂。因此发了芽的大蒜，虽然可以吃，但食用价值会大打折扣。

小资料

考考你

1. 在大蒜中含有（　　）能消灭细菌。
A 大蒜素　　B 链球菌　　C 痢疾杆菌
2. 只要嚼几片茶叶或者吃几个（　　）就可以除掉大蒜的臭味。
A 大枣　　B 蒜苗　　C 蒜叶

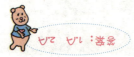

答案：1.A　2.A

93 什么叫光合作用？

光合作用是绿色植物特有的一种化学作用。绿色植物通过光合作用，即通过利用太阳光能，以水和二氧化碳为原料，合成碳水化合物，并加工转化成淀粉、糖、脂肪、蛋白质、纤维素、维生素等，同时分解出大量的氧气，这些物质是人和动植物赖以生存的基础。植物的绿叶是进行光合作用的关键，因为植物的绿叶中含有叶绿素，叶绿素是植物进行光合作用的前提。

在无光的条件下，植物的器官不能变成绿色。因为光照是形成叶绿素的重要条件，必须经过光照才能合成叶绿素，而如果没有叶绿素，植

185

植物奥秘一点通

物也就不能呈现出绿色。

　　人类的衣食住行都离不开植物的光合作用，即使像一些生产原料、燃料，如煤、石油、天然气等，也都是几百万年前水生和陆生动植物的分解物。而这些水生和陆生动植物在当时之所以能生存，无不归功于当时植物的光合作用。如果没有植物的光合作用，人类就不会有生活的物质来源，人类也就无法生存。

叶绿素存在于哪些地方？

　　植物有茎、叶和假根，叶中全都有叶绿素。而在低等植物中，藻类植物体内含有叶绿素或其他光合色素。菌类植物体内不含叶绿素或其他光合色素，靠寄生或腐生生活。

考考你

　　1.植物的绿叶中含有(　　)是光合作用的关键。

　　A 叶绿素　　B 叶红素　　C 番茄红素

　　2.在无光的条件下，植物的器官(　　)变成绿色。

　　A 不一定能　　B 能　　C 不能

答案：1.A　2.C

94 西红柿为什么被称为蔬菜中的水果？

西红柿又称番茄，原产于南美洲秘鲁的丛林中，它的枝叶有一股难闻的气味，当地人误认为它有毒，以为它结出的鲜红色的果子只有狼才敢吃，就将它叫做"狼果"。那时，熟透的西红柿成片成片地烂在丛林里，无人采摘；一直到16世纪，英国的一位公爵从南美洲带回一株野西红柿，把它当作观赏植物送给了英王伊丽莎白。西红柿由此传入欧洲，不久就传到了世界各地，南美洲人也开始大规模种植。

西红柿既可以当水果吃，又可以当蔬菜吃，所以，人们就称它为蔬菜中的水果。西红柿含有丰富的维生素C，比西瓜的维生素C含量还要高10倍，多吃西红柿，可以预防坏血病、感冒，还可以提高人体的抗病能力。

187

植物奥秘一点通

另外，西红柿中含有大量的番茄红素。它具有独特的抗氧化能力，可以清除人体内导致衰老和疾病的自由基，预防心血管疾病的发生，阻止前列腺的癌变进程，并能有效地减少胰腺癌、直肠癌、喉癌、口腔癌、乳腺癌等癌症的发病危险。

西红柿节是哪个国家的节日？

西班牙的西红柿节始于 1945 年，以后在每年 8 月的最后一个星期三进行。传说开始是用西红柿堵塞喇叭筒，以制止烦躁的声音的，后来演变为"西红柿大战"。

小资料

考考你

1. 西红柿原产于南美洲（　　）的丛林中。
A 智利　　B 巴西　　C 秘鲁
2. 西红柿含有丰富的（　　）。
A 维生素 A　　B 维生素 B　　C 维生素 C

答案：1.C 2.C

95 冬天的青菜为什么会有甜味？

　　秋天，霜降以后，我们在吃青菜时都会发现，青菜有一股淡淡的甜味。这是为什么呢？原来，这是青菜对严冬的一种适应，就如同到了冬天，人们要穿上棉衣御寒一样。

　　青菜里含有淀粉，淀粉没有甜味，并且不大容易溶解于水。到了冬天，青菜中的淀粉在体内淀粉酶的作用下水解而变成麦芽糖，麦芽糖经过麦芽糖酶的作用就变成葡萄糖，而葡萄糖是甜的，并

189

植物奥秘一点通

且很容易溶解在水里。霜降后的青菜会变甜，就是因为淀粉变成了葡萄糖的缘故。那么，为什么说青菜变甜是对严冬的一种适应呢？

那是因为，在冬天，青菜体内的淀粉变成葡萄糖，并溶解在水中后，青菜的细胞就不容易冻结、损坏，具有了一定的御寒能力，在寒风里不大会冻坏，就比较容易安度严冬了。

麦芽糖是什么东西？

在自然界中，麦芽糖主要存在于发芽的谷粒，特别是麦芽中，故得此名称。在淀粉转化酶的作用下，淀粉发生水解反应，生成的就是麦芽糖，它再发生水解反应，就会生成两分子萄萄糖。

小资料

考考你

1.冬天，青菜中的淀粉在体内淀粉酶的作用下，水解成（ ）。

A麦芽糖 B葡萄糖 C淀粉

2.青菜中的淀粉在体内（ ）的作用下水解。

A麦芽糖 B淀粉酶 C葡萄糖

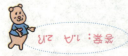

答案：1.B 2.B

96　木棉树怎么又叫英雄树？

　　木棉树生长在我国的南方，它是热带、亚热带落叶乔木，枝干伟岸挺拔，可高达 30 米，胸径可达 1 米，一般生长在林边路旁或者溪边低谷地带。

　　木棉树先开花后长叶子，每年的三四月份树上都开满了嫣红色的花朵，犹如无数个点燃的红灯笼，很好看。

　　由于木棉树长得伟岸挺拔，又力争上游，有一种英雄气概，故而被人们誉为"英雄树"；因它那灿烂夺目、娇艳欲滴的红色花朵，又有"红棉""烽火树"之称；当地人因为采摘木棉时必须攀上高

大的树干，也称它为"攀枝花"。

木棉树主干通直挺拔，枝条平展，树冠伞形，树形优美。春天先花后叶，大花朵就像一团烧得正旺的火，远远望去整个树冠就像用红花铺成，极为壮观。它翠绿的掌状复叶也很美观。木棉树是一种造型特殊的园景树，适合公园、庭院及行道种植，也可嫁接矮化作盆栽。

为什么木棉树开木棉花的时候树身的叶都要脱落？

与其他植物不同的一点，木棉是先开花后长叶子，每年三四月开花，五六月份花落叶出，叶片在冬季就会脱落。这就给人一种开花时落叶的感觉。

小资料

考考你

1. 生长在我国的南方的木棉树又叫（　　）。
A 大熊树　　B 红树　　C 英雄树
2. 木棉树生长在我国的南方，它是（　　）。
A 热带、亚热带灌木　　B 温带落叶乔木
C 热带、亚热带落叶乔木

答案：1C 2C

97 转基因植物是什么？

基因是具有特定性状的遗传信息，存在于细胞核的染色体上。转基因植物就是把目的基因片段移植到某种植物的细胞中去，经过培养而得到的植物，这种转基因植物既有原先植物的遗传性状，又有新的目的基因所控制的性状。

转基因技术与传统技术的本质之间有两点重要的区别。第一，传统技术一般只能在生物种内个体间实现基因转移，而转基因技术所转移的基因则不受生物体间亲缘关系的限制。第二，传统的杂交和选择技术所转移的是大量的基因，不可能准确地对某个基因进行操作和选择，对后代的表

植物奥秘一点通

现预见性较差，而转基因则不存在这种问题。

为了使不抗倒伏的小麦能够抗倒伏，科学家设想把抗倒伏的基因转移到小麦体内，来获得具有抗倒伏性能的新小麦品种。通过转基因的方法，科学家们对各种农作物的品种进行改良，取得了可喜的成果。

转基因食品的安全性问题

对于转基因食品的安全性，目前国际上没有统一说法，争论的重点应在转基因食物是否会产生毒素、是否可通过 DNA 蛋白质过敏反应、是否影响抗生素耐性等方面。

小资料

考考你

　1.（　）是具有特定性状的遗传信息，存在于细胞核的染色体上。

　A 基因　　B 细胞核　　C 染色体

　2.（　）就是把目的基因片段移植到某种植物的细胞中去，经过培养而得到的植物。

　A 转基因动物　　B 转基因植物

　C 转基因生物

答案：1.A　2.B

98 黑色食品为什么受到青睐?

"黑色食品"是指黑米、黑芝麻、黑木耳、黑豆、黑鱼、黑莓、乌鸡等呈黑颜色的食品。这些黑色食品中含有大量的黑色素,与白色食品相比,具有更高的营养成分。

现代医学认为:"黑色食品"不但营养丰富,且多有补肾、抗衰老、预防疾病、乌发美容等独特功效。经大量研究表明,"黑色食品"的保健功效除与其所含的三大营养素、维生素、微量元素有关外,其所含黑色素类物质也发挥了特殊的积极作用。比如,黑木耳在古代被称为"树鸡",含有丰富的蛋白质,而且还含有一种防止血液凝固的物质,对防治心脑血管疾病有很大的

帮助。

我国的江苏、浙江、安徽、贵州等地，民间都有在农历四月初八吃乌饭的习俗，湖南侗族人把这天称为"乌饭节"，这种乌饭也是黑色食品的一种。

"黑色食品"的兴起，反映了人们的营养、保健追求。尽管黑色食品营养丰富，有益于身体健康，但也需要其他色素的食物来调配。

多吃黑芝麻对人体有什么影响？

黑芝麻古称胡麻，含有丰富的不饱和脂肪酸、蛋白质、钙、磷、铁质等。黑芝麻的神奇功效，还在于它含有的维生素E居植物性食品之首，维生素E能促进细胞分裂，推迟细胞衰老。

小资料

考考你

1. 像黑米、黑芝麻、黑木耳等呈黑颜色的食品叫做（　）。

A 营养食品　　B 黑色食品　　C 绿色食品

2. 我国的江苏等地，民间都有在农历四月初八吃（　）的习俗。

A 八宝粥　　B 黑豆　　C 乌饭

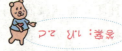

答案：1.B　2.C

99 植物建筑是怎么回事?

　　20世纪80年代，美国芝加哥建成了一座奇特的房子。这座房子内没有砖墙，也没有板壁，而是在原来应该设置墙壁的地方种上植物，把每个房间隔开，人们称这种墙为"绿色墙"，称这种建筑为植物建筑。

　　这种建筑的施工方法并不复杂，它无须成材木料，无须采用笨重的建筑设备，而是就地取材，以树林为主材，采用经过规整的活树林来做"顶梁""代柱"和"替代墙体"。

　　建造植物建筑的方法有两个，一是"弯折法"，就是利用树木的自然弯曲的方向，刻出缺口，用人工培植的方法，让植株长成房屋的框架；二是"连接法"，把伤破的两根枝条粘合，使它们成为"连理枝"，然后

植物奥秘一点通

就可以用来"筑墙"和造房了。这种植物建筑不仅节省材料，还能有效地吸收城市上空的有毒气体，阻隔城市噪声，对人的身心健康有很大的好处。

神秘有趣的绿植与建筑结合

现在，很多人喜欢在自己的房子周围种植一些攀爬植物，如常春藤、葡萄藤、爬山虎等。当这些可爱的绿色植物爬满整个墙壁，就会使我们房屋看起来神秘且有趣。

被绿植覆盖的房屋，除了具有神秘感外，还会为主人带来很多好处：例如，这些植物可以为主人在夏季遮挡烈日、带来清凉；有时候这些绿植还可以使房屋看起来结实、有历史感。另外，绿植还会让这些建筑显得生机勃勃、富有趣味。

小资料

考考你

1.20 世纪 80 年代，（　）建成了一座奇特的房子，称为"植物建筑"。
　　A 华盛顿　　B 加利福尼亚　　C 芝加哥
2.建造植物建筑的方法中没有（　）。
　　A 连理法　　B 弯折法　　C 连接法

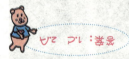
答案：1.B　2.A

100 植物的果实就是种子吗?

植物最终都会以果实或种子的形式宣告一个生命周期的结束。植物本身能供给人类作为食物的部分要以果实为最多，清脆可口的瓜果，耐藏滋补的干果，成为人类粮食的稻谷和麦粒，还有被称为"长生果"的花生等，都是植物的果实。

有人以为植物的种子就是植物的果实，其实这是不正确的。果实是由果皮和种子组成的，果皮分为外果皮、中果皮、内果皮三层，具有保护种子、贮藏养料和传播种子的作用。

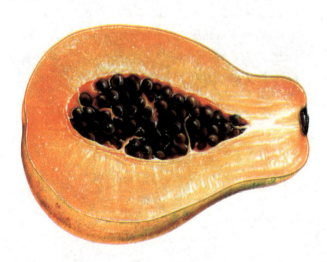

当植物的花完成了授粉以后，花瓣就开始枯萎了，同时在植物的花房里，种子也慢慢地形成了。而包围种子的部分，也开始一点点地长大，变成了果实。果实成

熟后，由于含有的水分多少不一样，就分成了干果和肉果。有时候，种子和果实常常会分不清楚，比如，葵花籽是果实而不是种子，而桃子是果实，里面的桃核是种子。

果实的结构包括哪些？

果实包括果皮和种子两部分。成熟的果实果皮细胞分化为外果皮、中果皮和内果皮。比如桃子长着白霜状的外层是外果皮，中间多汁的肉质部分是中果皮，内心坚硬的核是内果皮，核中的仁就是种子。

小资料

考考你

1. 果实是由果皮和（　　）组成的。

A 内果皮　　B 外果皮　　C 种子

2. 果实成熟后，由于含有的水分多少不一样，分成了干果和（　　）。

A 荚果　　B 种子　　C 肉果

答案：1. C　2. C

101 花、果俱佳的是什么植物？

植物对人类的贡献非常大，有的用美丽的花朵装扮世界，有的用鲜美的果实给人们提供食物，那么，花、果俱佳的植物是什么呢？

既能开出绚丽的花朵，又能结出甜美

果实的植物要数桃树了。桃树一般是先开花后长叶的，桃树开花时，满树红色的花朵灿若云霞。而它的果实桃子甘甜可口，从我国古代就被当作福寿的象征。

我国是桃树的原产地，已经有3000多年的栽种历史了。

植物奥秘一点通

栽种的品种很多，一般有硬肉桃、水蜜桃、蟠桃、油桃、黄肉桃等。另外还有许多观赏品种，它们只开花不结果，专供赏花之用，比较有名的是碧桃、绛桃和绿花桃三种，它们有些先开花后长叶，有些是花和叶子同时长出，都是美化庭院的好植物。但桃树是喜光树种，它分枝力强，生长快，如果管理不周，就会容易徒长，影响光照、引起枯枝空膛，进而降低产量和品质。

核桃是桃的一种吗？

核桃又名胡桃，属于核桃科，属落叶乔木。核桃起源于古波斯，现广泛分布在从地中海经土耳其、伊朗、阿富汗、沿喜马拉雅山直至中国的西藏、新疆等地。核桃营养丰富，是著名的保健食品，在抗老防衰、补气养血等方面有着重要作用。

小资料

考考你

1.（　　）从我国古代就被当作福寿的象征。
A 桃子　　B 苹果　　C 梨
2. 桃树的原产地是（　　）。
A 印度　　B 日本　　C 中国

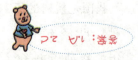

答案：1.A 2.C

102　花粉是怎样传播的？

植物的花是它的繁殖器官，而雄蕊和雌蕊是完成生殖功能的主要部分，一朵花只有通过雄蕊和雌蕊的传粉、受精，才能结出果实和种子。植物的传粉又叫受粉，是成熟的花粉从雄蕊的花药传到雌蕊的柱头上的过程。各种各样的植物，有着不同的传粉方法。

有的雄蕊和雌蕊长在一朵花里，这样，雄蕊的花粉成熟以后会自动落在雌蕊的柱头上，这种传粉方式就叫做自花传粉。有些植物的雄蕊和雌蕊不在同一朵花里，或者雄蕊和雌蕊虽然在同一朵花里，但是

雄蕊和雌蕊的成熟期不一样，于是不得不借助外界的力量，把这朵花的花粉传播到另一朵花上，这种传粉方式就叫做异花传粉，大多数花都是异花传粉。

异花传粉的方式一般有以下几种，有些植物是靠昆虫传播花粉的，叫做虫媒花；有些植物是靠风来帮助传粉的，叫做风媒花；有些植物是靠水来传播的，叫做水媒花。

花有多少种颜色？

花的颜色是大自然中最为丰富的色彩来源之一，给人的美感最为强烈和直接。花色基本上可以囊括色相环中的每一种色彩。据统计，花的色彩共有4197种，常见的基本颜色有红、橙、黄、绿、青、蓝、紫、白等几种。

小资料

考考你

1.植物的（　）是它的繁殖器官。

A果实　B花　C根

2.植物的花粉从雄蕊的花药传到雌蕊的柱头上的过程叫做（　）。

A发育　B受精　C受粉

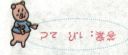
答案：1.B 2.C

103 什么是植物的拉丁学名？

植物都有一个拉丁学名，那么，什么是植物的拉丁学名呢？用拉丁文命名植物，称为植物的拉丁学名。拉丁学名由两个词组成；第一个词叫属名，常用拉丁文名词：第二个词叫加名，又叫种名，多用拉丁文形容词，部分用

名词。这种由两个词构成的拉丁名，叫做双名法。通常在拉丁名后附上命名者的名字。比如，小麦的拉丁名为 Triticum aestivum L. 第一个词为小麦属，第二个词为夏季的，命名人为林奈（Linnaeus 缩写为 L. ）。

为什么要用拉丁文来命名植物呢？因为全世界的植物有数百万之多，各个地区对它们的称呼都不一样，很不方便，有了拉丁名，就可以

植物奥秘一点通

有统一的称呼了。况且，这种命名方式非常科学，一眼就可以看出植物的属和种。例如，我国有一种植物叫益母草，它的拉丁学名是 Leonurs japonicus Hcutt。看到拉丁学名便知道它是唇形科益母草属的一种，而仅看中文名则有红花菜、千层塔、益母艾等 20 多个名字。

什么是拉丁语？

拉丁语最初是意大利半岛中部西海岸拉丁部族的语言，由于罗马的强盛，罗马人的拉丁语逐渐在并存的诸方言中取得了优势。文艺复兴时期以后，各民族语言代替了拉丁语，但在学术领域里，拉丁语仍有它的地位。现代天主教会沿用拉丁语为第一官方语言，在教堂仪式中使用拉丁语一直到 1963 年为止。

小资料

考考你

1. 植物的拉丁学名的第一个词叫（　　）。
A 种名　　B 属名　　C 加名
2. 通常在拉丁名后附上（　　）的名字。
A 发祥地　　B 发现者　　C 命名者

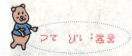

答案：1.B 2.C

104　为什么有的植物能预报天气？

自然界中有很多神奇的植物，它们有的还能像气象员一样预报天气呢！

在西双版纳的密林里，有一种奇怪的花，每当有暴风雨来临时，它就开出粉红色的小花来提醒人们。人们根据它可预先知道天气变化这一特性，叫它"风雨花"。但它是怎么知道暴风雨的消息的呢？

原来在风雨花的鳞茎里，有一种控制开花的激素，它可以刺激花芽的生长和控制开花的时间。

我们知道，在暴风雨来之前，会出现气温高、气压低、空气中的水蒸气含量高的现象。这种现象促进了风雨花水分的蒸腾，使鳞茎里控制开花的激素猛增，于是风雨花就在风雨来到之前开放了。

207

植物奥秘一点通

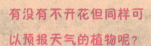

除了风雨花以外，我国广西的青冈树、长江流域的结缕草以及澳大利亚和新西兰的"报雨花"，都可以用来预报天气。

有没有不开花但同样可以预报天气的植物呢？

多年生草本植物结缕草和茅草，也能够预测天气。当结缕草在叶茎交叉处出现霉毛团，或茅草的叶茎交界处冒水泡时，就预示要出现阴雨天。

小资料

考考你

1.每当有暴风雨来临时，风雨花就开出（　）色的小花来提醒人们。

　A 蓝　　B 粉红　　C 红

2.在风雨花的（　）里，有一种控制开花的激素，它可以刺激花芽的生长和控制开花的时间。

　A 根　　B 叶子　　C 鳞茎

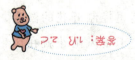

答案：1.B 2.C

105   面包树能结面包吗？

在印度半岛、斯里兰卡、巴西以及非洲等热带地区，有一种四季常绿的热带树，树高30多米，会开雄花和雌花。雌花的形状像一颗圆形的纽扣，它会渐渐长大，最后长

成像人头一样的大小，外表粗糙，里面塞满了像生面包一样的果肉。其果实是圆的，直径约 15 ~ 20 厘米，重 2 千克左右，大的像西瓜，小的

像橘子，把它放在火上烤熟即可吃，酸中带甜，极像面包的味道，人们就把这种树叫做面包树。

面包果的营养很丰富，热带居民把它当作主要的食品。一棵

植物奥秘一点通

成熟的面包树结出的面包果足够一两个人吃半年。

面包树的叶子非常漂亮，当地人常用它来作成各种各样的帽子，而且还可以当做家畜的饲料呢！

猴面包树就是面包树吗？

猴面包树与面包树不是同一树种。猴面包树原名波巴布树，属木棉种植物，是生长在非洲热带草原上的一种奇特树种，它树身又矮又胖，由于猴子和阿拉伯狗面狒狒都喜欢吃它的果实，所以人们称它为"猴面包村"。

考考你

1.面包树是一种四季常绿的（　　）带树。
　A 亚热　B 寒　C 热
　2.面包树的叶子非常漂亮，当地人常用它来作成各种各样的（　　）。
　A 鞋子　B 衣服　C 帽子

答案：1.C 2.C

106 月季花为什么被称为"花中皇后"？

有人把玫瑰、月季、蔷薇称为蔷薇科花中的三姊妹，论名声要数玫瑰，论潇洒应属蔷薇，但是论高贵还得说月季，它被称为"花中皇后"。月季原产我国，是十大传统名花之一，我国已有天津、西安、大连、郑州等30多个城市选择月季作为市花。

在万紫千红的百花园中，月季花馥郁芳香，千姿百态，终年开放，深受人们喜爱。宋代诗人杨万里有描写月季的诗句："只道花无十日红，此花无日不春风。"

月季枝干大多直立，高的可达1.5米。花生在枝顶，花瓣20～30片，就色

211

彩而论，有红、粉红、黄绿、紫、白等色；就大小而言，大的直径可达 15 ～ 18 厘米，小的仅有 1 ～ 2 厘米。目前世界上约有月季品种20000 个，是所有观赏花卉中品种最多的。

月季是怎样出国的？

17 世纪时，很多西方商人、传教士等从中国搜集了大量花卉品种带回国。所带回的月季品种中有 4 个就是现在众多月季品种的"祖先"，月月红是 18 世纪中国流行最广的月季。1725 年由瑞士传入英国，1798 年传入法国，19 世纪又传到美国。

小 资 料

考 考 你

1. 被称为蔷薇科花中三姊妹的没有（　　）。
　　A 玫瑰　　B 月季　　C 芍药
2. 宋代诗人（　　）有描写月季的诗句："只道花无十日红，此花无日不春风"。
　　A 朱熹　　B 杨万里　　C 李白

答案：1. C　2. B

107　柑橘是一种水果吗？

柑橘属芸香科柑橘亚科植物，是热带、亚热带常绿果树（除枳以外），用作经济栽培的有3个属：枳属、柑橘属和金柑属，我国和世界其他国家栽培的柑橘主要是柑橘属。中国是柑橘原产地之一，我国栽培柑橘已有4000多年的

历史，形成了许多品种（品系），可分为柑类、橘类、橙类、柠檬类和柚类。柑橘类水果中最大的是柚子，大个的柚子直径有25厘米；最小的是

金豆，直径不到 1 厘米。其实，柑橘这一名称，更确切地说是指宽皮类水果，其特点是，果皮宽松、容易剥离。

柑橘果实色香味俱优，果汁丰富，风味优美，除含多量糖分、有机酸，还富含维生素 C、多种甙类物质，营养价值极高。柑橘类果实中含有 15 种维生素，还有钙、磷、铁、钾等多种人体所需的矿物质，它还含有蔗糖、葡萄糖、果糖、柠檬酸和苹果酸等，为人们所喜爱。它的果皮颜色鲜艳，有红、黄、橙等色泽，晒干之后，就是有名的中药陈皮。

柑橘和橙子是同一种东西吗？

柑橘是对广柑和橘子的总称，因为这两种水果很相近。广柑和橘子是最原始没有经过嫁接过的柑橘。现在市面上常见的碰柑、芦柑、橙子等都是广柑和橘子嫁接后的品种。

小资料

考考你

1. 柑橘类水果中最大的是（   ）。
　A 金豆　　B 橘子　　C 柚子
2. 柑橘类水果中最小的是（   ）。
　A 金豆　　B 橘子　　C 柚子

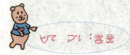

答案：1. C　2. A

108　有的老树为什么空心？

在郊外，经常会发现有些老树的心空了，可是仍然长着茂密的枝叶。老树空心是因为树干上有了伤疤或裂缝，一种真菌就趁机钻进伤疤或裂缝里，在树心里繁殖，吃树心的养料，日久天长，树心就被真菌吃空了。但是，由于树皮还是完好的，没有完全遭到破坏，还能从根部输送营养，所以老树还能长出枝叶来。

有的树木的枝条如果折断了，大树仍然可以活下去，但是，如果树木被剥了皮就会危及生命了。原来树木的树皮里有向根部输送养料的筛管，树皮被剥掉了，就不能得到由叶子通过光合作用制造的养料，树就会枯死了。

215

植物奥秘一点通

树皮对树干有保护作用，厚厚的树皮可以抵御严寒酷热，可以抵抗风沙，也可以减轻病虫害对木质造成的伤害。不同的树木有不同的树皮，就好像人的指纹都不相同一样。有经验的人从树皮的状态就可以分辨出树木的种类。

圣诞树是松树吗？

圣诞树是圣诞节的亮点，在圣诞树下玩耍的孩子们别提有多开心了！中国人常误以为圣诞树是松树，其实它是一种杉树，叫圣诞云杉。只是由于这种树在中国很少，同时它的外形与松树相近，因此有时就用松树代替圣诞云杉了。

1. 老树空心是因为树干上有了伤疤或裂缝，一种（　）就趁机钻进伤疤或裂缝里。

　　A病毒　　B真菌　　C细菌

2. 不同的树木有不同的（　），就好像人的指纹都不相同一样。

　　A树皮　　B叶子　　C根

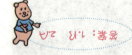

答案：1.B　2.A